관경하다

觀景

# 관경하다

비단길 풍경과 생태학적 상상

이도원 지음

지오북
GEOBOOK

21세기로 들어서며 내 공부에 두 가지 새로운 영역이 자리를 잡았다. 하나는 전통생태학이다. 주로 우리나라 옛날 자료를 뒤적이며 공부를 했고, 2004년 『한국의 전통생태학(공저)』이라는 책을 내고부터 받은 과분한 평가에 어리둥절하기도 했다. 다른 하나는 주로 아시아 지역의 풍경에 대한 나름대로의 해석이다. 2004년 여름 어린 시절부터 꿈꾸던 비단길 답사를 시작했고, 그 이후 연례행사처럼 답사를 진행하며 보고 들은 것을 기록해왔다. 첫 답사의 산물로 그해 가을 『비단길 보고서(공저)』라는 제목의 책을 낸 다음 지금까지 꾸준히 자료와 기록을 모으고 있다.

돌이켜보니 두 가지 영역 모두 20세기 말미에 졸저 『경관생태학』을 집필하는 과정 중에 싹트고 있었다. 그런 까닭에 기록의 내용은 눈에 보이는 것(주로 풍경) 안에 들어 있는 생태적 사연과 과정을 읽어내는 훈련에서 비롯되었다고 할 수 있다. 이런 훈련 과정을 '풍경을 깊숙이 살핀다.'는 뜻으로 이번 책에서 '관경(觀景)'이라 제안한다.

여기서 소개하는 글은 주로 비단길 답사 과정에서 익힌 공부를 담고 있다. 답사를 하는 동안 현장에서 보고 듣고 스스로 얻은 착상의 대강을 기록하고, 나중에 적절한 자료를 찾아 확인하는 방식으로 마련한 것이다. 동행했던 사람들의 관심에 따라 대부분 널리 알려진 유적지를 겨냥하여 떠난 답사였지만 내 생각의 실마리는 다른 곳에 있었다. 내게는 유적지 자체보다는 오히려 유적과 유적 사이를 잇는 이동 시간에 만난 풍경이 단서가 되었다. 유적들은 이웃한 바탕인 땅의 생태로부터 완전히 자유로울 수 없다는 생각 때문이다. 이는 유적과 바탕(matrix) 또는 문화와 자연의 관계를 탐색하는 하나의 시도이지만 아직 제대로 익었다고 보기는 어렵다. 그래서 '생태학적 상상'이라는 표현을 쓴다.

앞의 세 꼭지 글은 내가 지기들의 비단길 답사 동행을 부추기며 나누었던 약속을 지키기 위해 썼다. 답사 말미에 이동하는 버스에서 일행들과 보고 들은 바를 풀어놓던 시간에 내가 소개했던 내용을 재구성한 것이다. 나머지 세 꼭지 글은 답사의 주역이 아니었던 만큼 부담 없이 작성했다. 주로 현장에서 일기처럼 조금씩 적어놓았던 자료를 다듬은 것이다. 시리아에 관한 내용은 중앙아시아학회에서 주선한 자리에 동참하며 적었고, 몽골과 만주 답사기는 아예 자연생태 연구를 돕던 과정 중에 기록한 만큼 앞선 글들과 분위기가 조금 다르다.

여섯 꼭지 글의 내용을 간략히 소개하면 다음과 같다. 1) 톈산북로에서는 실제로 시안에서 우루무치를 거쳐 바얀블락까지 이어지는 길에 만난 지역의 물 사정에 주목했다. 사막과 초지, 숲, 사람이 사는 공간 모두 물이라는 환경요인이 크게 좌우하는 지역의 특성이 있기 때문이다. 유목민의 절박한 삶과 문화의 지속가능성은 바로 그 생태적 특성에 바탕을 두고 있다. 2) 코카서스 지역의 아제르바이잔과 조지아, 아르메니아에서는 세 가지 현상에 초점을 맞추었다. 먼저 강물의 수질과 유역의 토지이용 사이에 밀접한 관계가 있다는 비교적 잘 알려진 사실을 답사에서 만난 풍경과 연결하는 이야기로 엮어봤다. 아울러 척박한 땅에 자리 잡은 생태계의 먹이사슬과 그 사슬의 고리가 되는 생물들의 특성을 탄질비(생물과 유기물질을 구성하는 탄소와 질소비)라는 개념으로 설명해봤다. 이 설명은 추론으로 끌어낸 가설이다. 마지막으로 긴 이동로의 중앙분리대와 길섶을 환경개선에 활용할 수 있는 디자인의 생태적 이치를 제시했다.

3) 터키에서는 북동부 흑해에서 출발하여 동부 산악지대와 지중해 지역을 거쳐 이스탄불까지 긴 거리를 이동하며 풍경을 자아내는 에너지 흐름을 환경 여건과 연결시켜 상상해봤다. 다채로운 풍경을 낳은 지형과 기후, 식생분포와 관련된 원리를 더듬어보고, 농경과 도로 건설 같은 사람의 간섭이 그린 땅의 표정과 식물 씨앗의 전파 결과를 목도했다. 4) 시리아에서는 내 공부의 근거인 환경 여건과 식물의 관계를 생각해본 것은 잠깐이고, 돌아와 다른 어느 때보다 유적지에 대한 자료들을 뒤적이며 답사기를 정리했다. 또한 현지안내를 해준 사람과 동행했던 그이의 지기, 알레포 성채에서 우연히 만난 가족과의 인연, 정치적 단면에 대한(내게는 매우 색다른) 이야기들을 주로 담았다.

5) 몽골 울란바토르를 떠나 고비사막을 거친 길에서는 돌탑의 일종인 오보의 생태적 의미를 헤아려 보는 시간으로 시작했다. 암각화를 보며 유목민과 기후, 동물의 뗄 수 없는 관계를 생각해보았고, 우리와 다른 모습의 지형과 초원에 그어지는 차도의 특성, 공룡화석 발굴 지역인 작나무숲의 처지와 미세지형이 만들어지는 자연의 과정을 살펴봤다. 말라버린 호수에 누적되는 소금기와 염생식물, 초원의 먹이사슬을 소개했다. 6) 우리 역사에서 만주로 알려져 있는 중국 동북부 지역의 창춘에서 출발하여 두만강과 백두산을 거친 답사에서는 수확하고 남긴 옥수수 줄기를 처리하는 문제와, 초겨울에도 여전히 마른 잎을 달고 있던 나무들의 생태적 사연을 살펴보았다. 조선족 마을 변화를 잠시 더듬어보고, 백두산과 천지의 생태적 현상들을 살펴보았다.

답사기를 준비하는 과정은 내게 어디에서나 관경하는 버릇을 심었고, 나중에는 걷거나 버스를 타고 지나다니는 출퇴근길 풍경을 살피는 데까지 발전했다. 그렇게 쌓인 답사기와 사진을 활용하여 2011년부터 '생활 속의 생태학'이라는 강의를 개설했고, 2014년 가을에는 서울대학교 교수학습개발센터의 지원으로 동영상을 촬영하여 공개하고 있다(http://snuon.snu.ac.kr/). 강의를 준비하며 그때마다 자료와 글을 조금씩 보충했다. 출퇴근길, 일본 가나자와 노도반도, 중국 쿤밍 소수민족 마을, 미국 오리건에서 만난 풍경에 대한 생태학적 해석도 조만간 책으로 선보일 계획이다.

원고를 출판사에 넘긴 것은 2011년 초였다. 그 사이에 출간 작업에 매달리기에는 벅찬 많은 변화들이 있었다. 그렇게 무려 5년이란 세월이 흘렀다. 그렇게 된 데에는 애초부터 내 손을 떠날 수준이 아니었던 원고를 서둘러 탈고한 탓도 있다. 특히 일기처럼 적었던 답사기들은 공이 덜 들어간 만큼 아무래도 어수선했다. 그 원고들을 먼저 박찬열 박사가 꼼꼼히 읽고 보충 자료와 함께 재구성을 위한 의견을 보태주었다. 참으로 고마운 인연이다.

그런 다음 출판사에서 다듬고, 저자가 다시 작성하고, 출판사에서 교정하고, 저자가 손질하는 산고를 겪었다. 책의 최종 책임자인 저자는 마땅히 거쳐야 할 임무였으니 그저 고마울 뿐이다. 긴 과정을 끈기 있게 견디어준 출판사 지오북 황영심 사장과 편집진들의 인내심에 존경의 마음을 보낸다. 또한 한상복 선생님을 비롯하여 비단길 답사를 위해 시공간을 공유했던 모든 분들께 감사한다.

마지막으로 2015년도 한국연구재단이 지원한 상반기 중견연구자지원사업 '마을 규모 사회─생태 시스템의 생태계 서비스와 지역 지식'(NRF-2015R1A2A2A03007350)과 아시아연구소 기반구축사업(환경협력연구 프로그램: #SNUAC-2015-011)을 수행하며 가졌던 여러 답사와 그 과정에 나누었던 대화가 이 책의 내용을 다듬는 데 큰 힘이 된 사실을 밝혀둔다.

을미년 꼬리를 보내며
저자가 쓰다

# 비단길
# 초원의 길

텐산북로

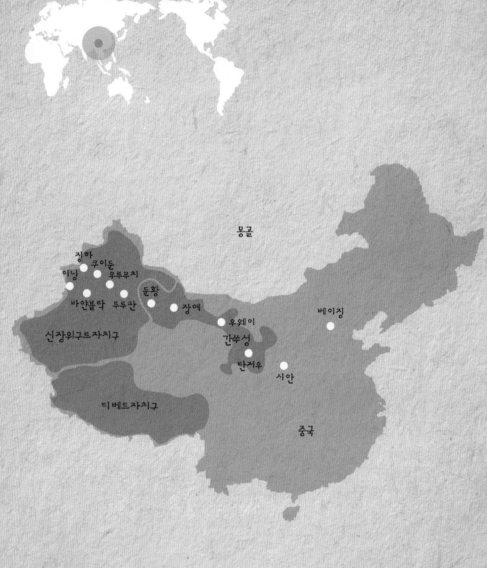

몽골

징하
쿠이툰
이닝
우루무치
바얀블락 투루판
둔황
장예
베이징
우웨이
신장위구르자치구
간쑤성
란저우
시안
티베트자치구
중국

텐산북로
여행 경로

시안(2007년 7월 11~12일) - 란저우(13일) - 우웨이(14일) - 장예(15일) - 자위관,
둔황(16일) - 투루판(17~18일) - 우루무치(19일) - 쿠이툰(20일) - 바얀블락(21일) -
이닝(22일) - 징하, 우루무치(23일)

2007년 7월 10일부터 보름 동안 중국 시안(西安)에서부터 버스와 기차를 이용하여 위구르의 땅 신장의 서쪽 끝까지 가보는 답사가 있었다. 란저우(蘭州)－우웨이(武威)－장예(張掖)－자위관(嘉峪關)－둔황(敦煌)－투루판(吐魯番)－우루무치(烏魯木齊)를 거쳐 신장 서부의 경승지 바얀블락까지 사막과 초지, 숲을 포함하는 이채로운 풍경을 만나는 경험이었다.

우루무치를 떠나 쿠이둔(奎屯)－징하(精河)를 거쳐 이닝(伊寧)에서 하루를 묵고, 다시 험로를 거쳐 고도 2,000m의 초원 바얀블락에 당도했다. 그곳의 이색적인 풍경과 별이 쏟아지는 밤과 함께 몽골족의 삶을 만난 우리 일행은 말을 잃었다. 이 글은 바얀블락에서 되돌아오는 버스에서 소개했던 여행의 소회를 다듬은 것이다.

7월 23일, 징하를 떠나 우루무치로 돌아오는 길에 일행은 잠이 부족한 기색을 역력히 드러냈다. 당연하다. 보름 가까이 몰아쳐 온 긴 이동의 마무리 일정인 고산 습원 바얀블락 답사는 신장 서북 산악지대를 길게 거치는 험로였고, 우리는 전날 밤 몽골족 게르(유목민의 집으로 우리가 흔히 파오라고 배웠으나 그것은 중국 한족이 만두 껍질처럼 생겼다는 뜻으로 몽골을 비하하며 쓰는 말에서 유래되었다.)에서 보낸 무리한 낭만의 후유증을 안고 있었다. 일행은 머릿속에 간직하고 있던 1970~80년대 유행가들을 하나씩 끄집어내며 새벽 4시까지 노래로 밤공기를 채운 것이다. 거기에 동참하지 않았다 하더라도 자연이 끊어 놓은 길을 가지 못해 먼 길을 돌아오는 노정으로 지친 심신이 아닌가? 사실 우리는 텐산산맥을 넘는 지름길이 폭우에 끊기는 바람에 계획대로 가지 못하고 긴 우회로를 돌아와야 했다.

바얀블락 고산 초원의 어린이

습원인 구곡십팔만(九曲十八灣)

톈산북로의 드넓은 농경지

톈산산맥 북녘자락의
선상지

무슨 까닭인지 버스 안에서 나는 쉽게 잠들지 못한다. 이제 차창 밖의 풍경을 바라보는 내 눈길도 무덤덤하다. 이틀 전 이닝으로 이동하는 동안에 보았던 톈산북로 모습의 신선함은 한풀 꺾였고, 먼지 품은 빗방울이 남긴 유리창의 자국은 바깥 풍경을 사진기에 담는 데 장애가 된다. 이런저런 상념에 젖어 있던 나는 지친 몸을 달래두어야겠다는 생각이 들었다. 잠을 청하기 위해 새박사(조류생태학자 박찬열의 별칭)가 챙겨온 독주를 한 잔 마셨다. 그런데 한바탕 자고 난 앞좌석의 일행은 한 사람씩 부스럭거리며 생기를 찾는다.

먼저 깨어난 박용성 교수는 때맞춰 긴 여정의 소회를 개진할 모양이다. 우리는 여행 말미에 각자의 전공과 관심을 살려 여행에서 얻은 서로의 생각을 나누기로 했는데 계속 미뤄져 왔으니 내정된 진행자 박 교수에게는 그것이 짐으로 남아 있던 모양이다.


## 톈산북로의 드넓은 초지를 바라보며
### - 초지와 숲의 차이는 어디서 올까?

한 사람씩 쏟아놓는 새로운 내용은 호기심을 자아낸다. 조금 전에 마신 독주도 잠을 끌어오지 못한다. 역시 전공이 다른 사람들의 부담 없는 여행담은 흥미롭다. 이야기를 들으며 이해하는 만큼 메모를 해놓기는 하지만 굳이 내가 정리할 필요는 없겠다. 어느 정도 실천할지 장담하기 어렵지만, 화자 스스로 글로 남기도록 하여 묶어볼 필요가 있겠다는 생각을 한다. 돌아가면 모두 바쁠 분들인데 어떻게 해야 보고 듣고 생각한 내용을 글로 쏟아낼 의지를 발동시킬 것인가? 그것은 이제부터 고민해야 할 사항이다.

내 차례가 왔을 때는 우루무치가 상당히 가까워져 있었다. 나는 며칠 전부터 조금씩 메모했던 내용을 차분하게 정리하지 못하고 두서없이 풀기 시작한다.

"저는 먼저 질문으로 이야길 시작하려고 합니다. 오시면서 사막과 초지를 보셨지요? 우리나라에는 숲은 있지만 초지다운 자연초지는 거의 없습니다. 만약 할 일 없는 누군가가 이런 일을 해본다고 가정하지요. 숲에 있는 나무와 풀을 뿌리와 함께 모두 뽑아서 바짝 말린 다음 무게를 잽니다. 그리고 숲에 있는 모든 동물들을 잡아서 역시 무게를 잽니다. 같은 작업을 초지에서도 해봅니다. 이제 숲과 초지에서 수집한 식물과 동물의 양을 한번 비교해봅시다. 식물 무게를 분모로 하고, 동물 무게를 분자로 한다고 합시다. 그렇게 구한 값이 어느 쪽이 클까요? 즉, 동물 무게 나누기 식물 무게의 값이 숲에서 클까요? 아니면 초지에서 클까요?"

버스 안의 청중은 잠깐 생각했다. 가까이 있는 누군가가 말한다.

"초지요."

나는 그 정도는 보통 사람들도 대략 짐작할 수 있으리라 보았다.

"왜 그렇지요?"

"숲에는 큰 나무들이 많이 있으니 그 무게를 분모로 하는 값이 작겠지요."

"그렇습니다."

물론 숲에 사는 동물의 양이 많아지면 답이 그렇게 간단할 리는 없다. 결국 초지에 사는 동식물의 양을 비교해야 정확한 답을 알 수 있지만, 대강의 경험으로 대답한 정답을 시시콜콜하게 따질 필요는 없었다.

"그러면 왜 그럴까요? 왜 숲과 비교하여 초지에서 상대적으로 동물의 양이 많을까요?"

"……"

질문이 약간 애매하기도 하거니와 문외한들이 쉽게 짐작할 수 있는 답은 아니다. 1960년대 어느 생태학자가 초지와 숲의 토양 동물량을 비교한 자료를 알고 있지만 정확한 숫자는 나도 기억하지 못한다. 돌아가 강의 자료를 뒤져보면 알 수 있겠지만 버스 안의 이야기를 풀어가는 데 굳이 정확한 숫자가 없어도 아쉽진 않았다. 아래 표는 돌아와서 확인한 것이다.

"이와 같이 초지와 숲의 비교되는 특성은 다른 연구에 의해서도 뒷받침이 됩니다. 하나의 생태계에서 순수하게 생산된 식물의 총량(총광합성 양과 식물 자체가 대사활동에

톈산북로의 초지와 숲, 수목한계선이 있는 풍경. 각각 이닝으로 가는 길과 오는 길에 사이람호 가까운 곳에서 찍은 사진으로 여성들의 바로 왼쪽으로 노천 화장실이 보인다.

### 초지와 숲의 토양 동물 생물량 비교

| 생물군 | 생물량[a], g/m² | | |
|---|---|---|---|
| | 초지 | 숲 | |
| | | 참나무 숲 | 전나무 숲 |
| 초식동물 | 17.4 | 11.2 | 11.3 |
| 부식동물 | | | |
| 대형 | 137.5 | 66.0 | 1.0 |
| 소형 | 25.0 | 1.8 | 1.6 |
| 육식동물 | 9.6 | 0.9 | 1.2 |
| 전체 | 189.5 | 79.9 | 15.1 |

이 자료는 토양 동물 부분만 보여주지만 초지보다 숲에서의 식물량이 더 크기 때문에 지하부분의 동물량/식물량 비가 초지에서 훨씬 더 크다는 사실을 짐작하는 데 도움이 된다. 부식동물(detritivore)은 마른 풀이나 쓰러진 나무와 같이 죽은 식물을 먹이로 하는 동물을 말한다.
자료 출처: Macfadyen 1963 (Brady and Weil 2008 재인용)

쓴 양의 차이로 생태학 용어로는 순생산량)에 대해 초식동물이 뜯어 먹은 양의 비를 흔히 소비효율(consumption efficiency)이라 합니다. 이를테면 배추 10톤이 자랐는데 그중에서 민달팽이나 진딧물 같은 벌레와 토끼 같은 작은 포유류가 뜯어 먹은 총량이 1톤이라면 초식동물의 소비효율은 10%가 된다는 뜻이지요.

땅속에서 식물 뿌리가 먹히는 양은 측정하기 어려워 아직 장래의 연구 과제로 남아 있지만 생태학자들이 땅 위의 식물에 대한 소비효율을 조사해봤지요. 성숙한 숲에서는 값이 1~5%이지만 풀을 먹는 곤충이나 작은 초식동물(예를 들면 메뚜기나 토끼)이 있는 풀밭에서는 5~15%이고, 대형 초식동물들이 우글거리는 아프리카 초지에서는 28~60%가 된답니다(Chapin 등 2011). 동물의 왕국에 나옴 직한 아프리카 초지에서는 상당히 많은 양(순생산량의 28~60%)의 풀과 나뭇잎이 얼룩말이나 들소를 포함하는 초식동물의 먹이가 된다는 뜻이랍니다.

생산된 식물의 양이 100%라면 나머진 어디로 갈까요? 미생물이나 말라죽은 식물

버스 안에서 강의 중 김동영 사진

을 먹이로 하는 동물들의 몫이겠지요. 성숙한 숲에서는 그곳에서 식물 스스로 쓰고 남은 광합성 산물의 95~99%가 낙엽이나 죽은 나무와 뿌리가 되어 세균이나 곰팡이 또는 지렁이와 같은 미물들에 의해서 소비되는 것이지요. 이 현상은 초원과 숲 생태계의 환경 특성, 특히 강수량과 물 이용도(availability) 차이에 적응한 생물활동의 차별성으로 보면 되겠습니다.

이제 다른 질문을 해보겠습니다. 시계공이 시계를 만들어야 합니다. 바늘이 5쌍 있습니다. 케이스는 7개 있습니다. 문자판은 50개 있습니다. 그리고 나머지 부속품은 충분히 있습니다. 시계 완제품을 몇 개 조립할 수 있습니까?" 답은 금방 나왔다.

"5개."

초등학생도 알 수 있는 상식이리라.

"이런 원리가 생태학에서도 적용됩니다. 식물이 광합성을 할 때는 햇빛과 이산화탄소, 물, 그리고 여러 가지 종류의 영양소가 필요합니다. 이 중에서 이용도가 가장 낮은 요소가 식물이 할 수 있는 광합성의 양을 결정합니다. 완제품 시계 숫자를 결정한 원리와 비슷한 점이 있지요? 생태학에서 그것을 제한요인(limiting factor)이라고 합니다. 생태계 단위 면적(물에서는 단위 부피)에서 이룰 수 있는 생산성, 즉 광합성 양을 제한하는 요인이라는 뜻이지요. 초지에서는 물이 제한요인입니다. 강수량이 넉넉하지 않은 땅이라 식물이 얻기 매우 어려운 자원인 셈이지요." 이 정도 이야기가 진행된 무렵에 우리는 목적지 식당에 도착했다. 버스 안의 강의는 그렇게 중도에 멈췄다.

다음 날은 월요일이다. 점심식사를 마치고 우리는 신장위구르박물관에 들렀다. 거기서 일행은 두 가지 선택권을 얻었다. 일부는 박물관에서 많은 시간을 보내길, 일부는 톈산 천지로 가길 원했다. 나는 3년 전 천지에 가보았기에 처음에는 박물관에 남을 예정이었다. 그런데 생태와 환경을 전공하는 일행은 모두 천지를 택한다. 그리하여 박물관 관람은 한 시간 정도로 충분한 것 같아 마음을 바꾸기로 했다. 여행의 막바지 아닌가. 기록의 부담을 벗고 마음 편하게 자연 속으로 가자.


## 사막과 초지로 이어지는 낯선 풍경
### - 건조로 인해 선택된 생태계, 초지

톈산 천지는 3년 전에 비해 많이 변한 모습이다. 주차장 주변에는 새로운 건물이 들어섰다. 관광지의 정비는 늘어난 방문객의 수와 관련이 있으리라. 톈산의 보행로 주변도 그동안 꽤 많이 달라졌다. 곳곳에 설치된 안내판에는 한글이 들어 있다. 그만큼 찾는 사람이 늘었다는 뜻이다.

월요일이라 주차장에서 천지에 이르는 리프트를 타기 위해 긴 줄을 서지 않아도 된다. 2004년 처음 왔을 때 차례를 기다리는 사람의 행렬이 길고 지루했던 기억이 떠

텐산 천지의 관광 안내판

천지 가는 케이블카에서 내려본 풍경과 관광지. 천지의 한 부분인 아래 사진에서 화려한 색깔은 관광객들이 기념사진을 찍을 때 빌려주는 소수민족의 복장이다.

오른다. 기념사진 촬영용 소품으로 줄지어 걸려 있는 소수민족의 전통복장도 손님을 맞지 못하고 한가하다.

여행의 막바지에 우리는 잠시 몸을 관광에 맡기기로 했다. 그리하여 천지를 한 바퀴 도는 유람선을 탔다. 3년 전 방문 때는 해보지 않았던 놀음이다. 앳돼 보이는 유람선 안내원은 배가 옮겨갈 때마다 뭐라고 설명하지만 나는 알아듣지 못한다. 이양주 박사를 통해 잠시 말을 시켜 보니, 그녀는 전문대학을 조기 졸업하고 임시로 일하는 중이란다. 나는 잠시 그녀와 함께 서서 사진을 찍었다. 풍경 담기에 열중하며 사진기 앞에 스스로 나선 적이 없는 내가 이번 여행에서 한고비 무사히 넘기고 난 다음 보인 변화다.

돌아와 가진 저녁식사 자리는 일정이 끝났다는 안도감이 짙게 감싸고 있었다. 여행 초기 생긴 대퇴부의 종기로 거의 1주일이 넘도록 술을 입에 대지 못한 나는 술이 그리웠다. 그리하여 절제의 마음은 사라졌고, 호텔로 돌아오는 버스에서 제법 취한 상태가 되었다. 때마침 식당 앞에서 중단했던 이야기를 다시 요청 받았다. 나도 마무리는 하고 싶었던 참이다. 솔직히 나는 어떤 말로 시작했는지 기억나지 않는다. 대략 이런 내용이었을 것이다.

"우리나라에는 자연초지가 거의 없습니다. 그런데 우리가 거쳐 온 길 주변 대부분은 사막과 초지였습니다. 왜 그럴까요?"

"비 때문에."

이 또한 기대했던 대답이다. 앞에 앉아계신 약사 선생님의 즉답이다. 내가 했던 이야기의 논리를 기억하고 계신다는 뜻이다. 일행의 평균 나이를 약간 웃도는 그 분은 약대 출신으로 일행의 건강을 책임지고 계신다. 생물학이나 생태학 공부를 하지 않으신 분이 답을 유추할 수 있다면 그때까지 이루어진 버스 안의 강의는 헛되지 않았던 셈이다.

그러나 이때부터 나는 횡설수설했다. 염두에 두고 있는 내용은 입으로 나오지 않고 대신 이런저런 이야기가 흐름을 타지 못한 채 풀어져 나왔다. 기대를 접고 조금씩 집중력을 흩트리는 청중의 모습이 보였지만 수습할 수 있는 형편이 아니었다. 그래서 그때

초원 바탕에 놓인 침엽수림. 나무들이 들어선 곳은 물을 해결할 여건이 있다는 사실을 말하고 있다.
흥미롭게도 물이 모이는 약간 우묵한 곳에 나무들이 서 있는 반면 아래 계곡에는 왜 나무가 없을까?

의 이야기를 있는 그대로 재연할 수 없다. 나는 돌아와 생각을 가다듬고 그때 하고 싶었던 내용을 이렇게 글로 남기기로 했다. 그것은 함께 간 분들과 같이 한 약조이기도 했다.

"나무는 키가 큽니다. 그 높은 키 끝까지 물을 끌어올리려면 큰 힘이 들겠지요? 생리작용에 필요한 물을 얻기 위해 많은 에너지를 써야 한다는 말입니다. 그런 까닭에 토양수분이 부족한 땅은 키가 큰 나무가 살아남기에 불리한 여건이 됩니다. 건조한 땅에서는 설혹 나무의 씨앗이 발아한다고 하더라도 키가 작은 풀에게 밀려나는 것이지요.

작년 이란 답사에서는 염소와 양을 많이 생각했습니다. 건조한 자연조건에서 생산성을 유지하려면 영양소 재활용이 가능한 체계가 유리하지요. 그것이 유목민들이 염소와 양을 키우는 문화를 수천 년(양을 길들여 가축으로 기르기 시작한 것은 대략 8,000년 전이라고 들었다.) 동안 유지했던 까닭입니다. 그런 생각은 나름대로 의미 있습니다만 여기서 다시 이야기할 필요는 없겠지요. 저는 이 여행에서 새로운 이야기를 하고 싶었 습니다. 그런데 만족스러운 수준이지 못하여 아쉽긴 하네요.

이번에는 제가 몇 가지 이유로 지난해 갔던 이란 여행에서만큼 생각할 여지를 가지지 못했습니다. 이란 답사에서는 버스에서 이동하는 동안 바깥 풍경을 내다보며 많은 생각을 했지요. 작년에는 보름 간의 여행에서 거의 열흘은 아침에 일어나 그 전날 보고 듣고 생각하며 메모했던 내용을 컴퓨터에 대략이나마 입력을 했습니다. 그러나 이번 여행에서는 그러지 못했답니다."

중간에 앉아 있던 신경준 사장이 뭐라고 말했다. 일행은 와하고 웃었다. 제대로 듣지 못한 나는 잠시 어리둥절했다.

"뭐라고 했어요?" 앞에 앉은 누군가 대답했다.

"마이티 때문이라고 하네요."

긴 이동의 무료를 이기기 위해 5명이 때때로 즐긴 카드놀이 마이티는 여행의 양념이 되었지만 그만큼 사색의 시간이 줄었다는 지적은 틀린 말은 아니다. 마이티 게임의 중심에 서 있던 신 사장의 노골적인 지적은 역시 버스 속 강의의 양념이다. 그러나 그것이 유일한 답은 아니다.

나는 답이 될 만한 몇 가지 사연을 정리해본다. 첫째, 이란 일정에 비해 이번 답사에서는 이동시간이 길어 여유가 거의 없었다. 지난 보름 동안 아침에 일찍 일어나 새벽 산책을 한 기회는 딱 두 번이었다. 둘째, 내가 일정을 챙겨야 하는 책임을 어느 정도 맡고 있던 형편이라 마음의 여유가 없었다. 셋째, 이란은 금주의 나라라 술자리가 없었던 덕분에 잠자는 시간과 개인이 누릴 수 있는 시간이 그만큼 많았다. 나는 엄격한 금주를 마음이 삭막한 자의 결정이라고 보지만 그것이 자아내는 바람직한 효과도 분명히 있다고 본다. 넷째, 내가 그때까지 생각하지 않고 있었지만, 신경준 사장이 지적한 대로 마이티를 하느라고 버스 안의 사색 시간이 그만큼 줄었다. 그러나 일정을 흩트리지 않는 범위 안에서 몇 년 만에 해본 마이티를 포기할 마음도 없었다.

"초지는 상대적으로 건조한 지역에 주로 나타납니다. 앞서 말씀드렸지요? 건조한 땅에서는 키가 큰 나무들이 풀보다 불리한 까닭은……. 온대초지의 연평균강우량은 250~600mm 정도가 되지요. 열대초지는 연간 1,200mm 강우량에서도 나타나지만, 비가 주로 우기에 집중되기 때문에 생깁니다. 물론 사막은 훨씬 더 건조한 지역입니다. 연강우량이 240mm 이하인 지역과 연강우량은 그보다 높지만 연주기로 볼 때는 불균등하게 분배된 무더운 지역에 나타나지요.

초지는 건조와 추위라는 자연조건이 선택한, 또는 그런 자연조건에 선택된 생태계랍니다. 건조하거나 추운 만큼 숲과 비교하면 미생물 활동이 저조하지요. 모든 생물의 대사활동에는 적절한 양의 물과 온도가 필요하다는 사실은 아시지요? 바로 그 이유 때문에 물이 아주 귀하거나 매우 추운 곳에서는 생산된 식물이 분해가 잘 되지 않지요. 분해의 주체는 미생물이고요. 그래서 생태학에서는 생태계에서 유기물 분해를 담당하는 미생물의 역할에 주목하여 '분해자'라고 부르기도 합니다."

## 풀과 염소·양, 인간의 아름다운 관계
### - 초식동물과 초지 생태계의 지속가능성

"꽤 오래 전 일입니다만 조선일보에 '이규태 코너'라는 칼럼이 있었습니다. 한때 그 지면을 비교적 열심히 보았는데 무슨 사연이 있었던지 곧 소개해 드릴 내용이 두 번이나 실렸던 것으로 기억합니다. 아마도 작가와 신문사의 실수였을 겁니다. 이런 시시콜콜한 일을 기억하는 것은 그만큼 그 주제에 관심이 있는 까닭이기도 하고요.

우리나라 사람들이 한동안 쓰레기를 아무 곳에나 버리던 시절이 있었는데, 그것은 기후 풍토와 관련이 있다는 주장이었습니다. 그 글에 의하면 옛날에 먼 길을 가는 사람들이 여러 켤레의 짚신을 준비하고 가다가 닳아 떨어지면 나무에 걸어놓고 가기도 했답니다. 습한 여름 공기로 유기물(이 경우에는 짚)이 잘 썩기 때문에 그렇게 해도 큰 문제가 일어나지 않았지요. 특히 여름에 습도가 높고 온도가 높아 미생물 활동이 왕성하여 버려진 짚신이 빠르게 썩었다는 겁니다. 그런 여건에 익숙하여 우리나라 사람들이 쓰레기를 함부로 버리는 습관이 생겼다는 주장을 했습니다.

지금은 우리나라의 기후 조건에서도 분해가 잘 되지 않는 인공물질을 만들 뿐만 아니라 대량생산으로 분해속도가 생산속도를 훨씬 밑돌지요. 그래서 예전에 가졌던 태도와 습관을 그대로 답습하고 쓰레기를 함부로 버리면 환경문제가 된다는 논리였어요. 이것은 폐기물 관리에는 분해속도가 결정적인 역할을 한다는 뜻이기도 합니다.

우리가 여기까지 오면서 방문한 박물관에서 많은 미라를 보게 된 까닭은 사막과 초지의 유기물 분해속도와 관련이 있습니다. 시신 분해의 제한요인이 물 이용도인 것이지요. 빠른 건조로 바짝 말라버린 시신이 잘 분해되지 않기 때문에 미라로 남은 것입니다. 신장위구르박물관에서 현지 안내인이 세 종류의 미라가 있다고 말했지요? (1) 내장을 제거하여 분해를 방지한 이집트의 미라, (2) 건조 지역에서 발견되는 미라, (3) 빙산에서 조난당해 죽은 사람의 시체. 이 모두 제대로 썩지 못하여 남은 유기물입니다. 미라는 썩는 과정을 주도하는 미생물 활동이 거의 중단된 조건에서 생기는 산물이지요. 가만히 생각해보면 미생물의 분해 활동을 방해하는 요인에 따라 구분한 것입니다. 세 종류의 미라에 따라 달라지는 분해의 방해요인을 뭐라고 불러야 할지 한번 생각해보시기 바랍니다.

생태계가 지속가능하려면 광합성으로 생산된 유기물이 썩어 그 안에 담겨 있는 원소가 재활용되어야 합니다. 이를테면 식물과 동물, 미생물은 탄소와 산소, 수소, 질소, 인, 황, 기타 원소들로 구성된 유기물로 이루어져 있습니다. 유기물이 썩으면 그것을 구성하던 물질이 크기가 아주 작은 무기물 분자로 바뀌게 됩니다. 식물은 그렇게 작아진 무기물 분자를 흡수하여 광합성에 사용할 수 있는 것이지요. 썩지 않으면 덩어리가 크기 때문에 세포막을 통과하지 못한답니다.

　사람이 죽어야 하는 까닭이 사실은 이와 관련이 있습니다. 만약 모든 사람들이 영생한다고 생각해봅시다. 자연에 있던 원소가 계속 사람들 몸속에 누적될 것입니다. 지구에서는 생물이 이용할 수 있는 원소 양이 한정되어 있기 때문에 그렇게 되면 다음 세대가 태어나고 성장하는 데 필요한 원소가 모두 탕진되겠지요. 그것이 충당되려면 죽고 썩어야 가능한 일이랍니다. 이것이 바로 우리가 마땅히 죽어야 하는 생태적 섭리 또는 이치지요.

　마찬가지로 초지에서 생산된 식물과 동물이 썩지 않으면 자연의 재생산이 곤란합니다. 영양소가 생명체 속에 갇혀 있으면 새롭게 자랄 식물이 이용할 영양소 공급이 부족하겠지요. 갇혀 있는 영양소는 생물체가 썩어야 토양으로 방출되고 재활용될 수 있기 때문입니다. 그런데 초지에서는 건조한 기후 때문에 미생물 활동이 미약하여 분해가 아주 더디게 일어나지요.

　그런 상황에서 초식동물이 식물을 뜯어 먹고 물을 먹어서 배설하는 똥과 오줌은 미생물에게 좋은 먹이자원입니다. 풀과 비교하면 동물의 배설물은 수분뿐만 아니라 질소와 인 성분이 넉넉한 덕분에 미생물들이 쉽게 분해하지요. 이제 미생물이 풀보다 똥을 더 왕성하게 분해한다는 사실을 짐작하시겠지요? 따라서 초식동물이 있으면 그만큼 생태계의 영양소 순환 속도도 빨라집니다. 그것이 초지 생태계의 생산성을 지속가능하게 하는 하나의 중요한 기작이랍니다.

　초식동물의 적당한 풀 뜯기가 식물의 성장을 촉진할 뿐만 아니라 초지의 식물종 다양성을 높인답니다(Klein 등 2007, Williams 등 2007). 풀과 풀을 먹고 사는 동물이 수만 년에 걸친 세월 동안 서로 부대끼며 적대 관계를 넘어 공생하는 방식으로 진화한 결과로 이해합니다. 초식동물의 침에는 식물의 성장촉진제가 함유되어 있기도 합니다. 이것은 풀과 공생을 유지하는 동물들의 종수와 생물량이 숲보다 자연초지에서 상대적으로 많이 발견되는 까닭이기도 합니다.

초지에서 삶을 부지하는 사람들은 바로 영양소 순환 과정을 촉진하는 초식동물들을 문화 속으로 끌어넣은 겁니다. 수천 년 전 이란에서 시작하여 초지 생태계의 쐐기돌종 또는 중추종인 염소나 양의 조상을 가축으로 다스려 서로 공생하며 살아온 것이지요. 식물과 염소나 양, 인간이 이루는 아름다운 관계라고 할까요.

염소와 양은 가파른 곳을 타고 오를 수 있는 재주가 있습니다. 사람과 다른 동물들의 발길이 닿지 않는 벼랑 위의 식물을 뜯어 먹기도 하지요. 절벽의 토양 속에 있던 영양소를 식물이 흡수하고, 그 식물을 염소와 양들이 뜯어 먹은 다음 인간들이 사는 공간으로 옮겨와서는 똥으로 배설합니다. 결과적으로 벼랑의 토양에 있던 영양소가 인가의 농경지에 보태져 생산성 증대에 기여하게 됩니다. 그런 의미에서 염소와 양은 초지와 초지에서 생긴 인간 생태계의 중추적인 생물이지요."

이처럼 초지를 근거로 살아가는 가축은 다른 생명과 공존하는 법이다. 바얀블락 백조의 호수를 보기 위해 말을 탔을 때 몇 십 년 만에 등에 떼를 만났다. 파리처럼 생긴 등에는 한번 물리면 모기보다 몇 배나 따갑다. 등에들이 말에 올라탄 내 종아리 주위를 끈질기게 따라왔다. 어린 시절 진드기와 함께 소에게 달려들던 등에를 경험했던 나는 한순간 긴장했다. 쏘일 때 겪는 괴로움을 알기에 발을 계속 움직이며 피했건만, 다른 분들은 어떻게 해결했을까? 현지인들이 머리에 쓰는 방충망을 주었기에 모두 자연의 생태에서 생기는 성가심을 어느 정도 피하긴 했을 터인데 종아리 부분은 어떻게 방어했는지…….

어린 시절 경험으로 나 혼자 공연히 지레 겁을 먹었던 것일지도 모르겠다. 등에가 성가시게 굴던 시절 집에서 기르던 소에 생김새가 까만 아주까리 열매처럼 생긴 진드기들이 보통 수백 마리 넘게 달라붙어 괴롭혔다. 그 진드기를 털어내려면 톱니 이빨을 갖춘 함석으로 소가죽을 긁어내며 손에 피 칠갑을 해야 했다. 그리고 하얀 가루를 철철 뿌려주곤 했는데 나중에 보니 그것이 바로 DDT였다. 그런 고투 속에서도 건재하던 등에는 진드기와 함께 이제 우리네 시골에서 사라졌다. 아마도 지독한 농약 덕분이 아닐까?

건조와 추위가 만드는 염소와 양, 소들의 땅

# 양 빼앗기 경기, 띠야오양을 목격하다
## - 유목민의 삶에서 양은 어떤 의미인가?

바얀블락 구곡십팔만(九曲十八灣)에서 말을 타고 늦게 도착했던 나는 엉겁결에 방충망 모자를 벗고 말았다. 순식간에 한 떼의 벌레들이 목 주변으로 몰려들었다. 얼른 털어 내었지만 이미 늦었다. 서둘러 방충망을 다시 착용했지만 목이 따끔거리기 시작했다. 그것은 날개미 떼였다. 돌아오는 지프차에서 여러 마리를 잡아내야 할 정도로 녀석들은 끈질겼다. 예사롭게 생각했지만 돌아오는 길에 내 목덜미를 본 오충현 교수가 자칫 덧날 수 있겠다고 걱정했다. 약을 발라도 소용이 없었다. 상처는 집으로 돌아와서도 며칠 동안 남아있어 여러 사람의 우려를 들어야 했다. 다행히 어린 시절 산에서 소를 놓아먹이며 심심찮게 땅벌들을 괴롭히고 쏘이며 단련된 덕분인지 큰 후유증이 없이 지나갔다.

바얀블락을 뒤로 하고 이닝을 거쳐 다시 돌아오는 길에 사이람호에서 버스를 잠시 멈추었다. 이때 문득 한 무리의 사람들이 말을 타고 몰려가고 있다. '싸움이 났나?' 잠시 생각한다. 그러나 흥미롭고 진기한 구경거리였다. 말로만 들었던 북강(톈산산맥 북쪽의 신장 땅)에 사는 하사커 족의 '띠야오양'이라 부르는 양 빼앗기 경기다. 쫓고 쫓기는 자의 무리는 풀밭을 이리저리 달리다가 잠시 버스 곁을 지나친다. 양을 선취한 말꾼은 어떻게 야무지게 자기 마구에 매달았는지 뒤따르는 자가 쉽게 빼앗지 못하는 모양이다.

이닝으로 가던 다음 날부터 사이람호에서 나담축제가 열린다는 말이 잠시 흘러나 왔으나 잘못된 소문이었다. 나담축제는 원래 몽골의 행사다. 그렇다면 사이람호 부근 의 마을은 몽골 문화를 지녔다는 뜻이다. 나담축제의 중요한 행사 중에 양 빼앗기 놀이 가 있으나 띠야오양이라 부르는 놀이는 굳이 나담이 아니더라도 있는 셈이다. 나중에 나담과 띠야오양에 대한 자료를 찾아 따로 정리를 해봤다.

몽골어 '나담'의 어원은 즐겁게 논다는 뜻의 '나다흐'다. 그러니까 우리말 '놀이'와

바얀블락 백조의 호수에서 방충망을 쓰고
현지 어린이의 안내를 받으며 말을 탔던 일행

띠야오양 경기 모습1 김동영 사진

띠야오양 경기 모습2. 두 사진 중앙 부분에 말의 배 부분에 묶인 양의 모습이 살짝 보인다. 윤희철 사진

같은 뜻이다. 신령과 성지(聖地), '오보'(몽골 답사기에서 소개)를 받들고 승전을 기념하는 행사로 출발하여 몽골의 세 가지 놀이인 씨름과 말 타기, 활쏘기를 겨루는 대회를 여는 축제로 발전했다. 오늘날 몽골의 나담은 사회주의 혁명이 달성된 1921년 7월 11일을 기념하는 성격을 지닌다. 사회주의 혁명 전 몽골에는 7명의 봉건 제후가 주최한 나담과 '복드', '헨데이'(몽골 민족이 성스럽다 여기는 두 산)와 '오보'에 바치는 나담이 있었다. 이러한 2대 나담을 신사회주의 정부가 국가적인 나담으로 통일한 것이다.

심형철이 번역한 『서역장랑(西域長廊)』에는 아래와 같은 내용으로 기마민족의 양 빼앗기 경주가 소개되어 있다.

두 돌이 된 하얀 살아 있는 양을 잡아서 머리와 네 다리를 자르고 목은 꽉 잡아맨다. 이렇게 하여 잡을 만한 곳을 없앰으로써 달리는 말 위에서 낚아채기 어렵게 하는 것이다. 경기에 참여하는 사람들을 두 조로 나누는데 최소 10명에서 많게는 100명이 참여할 수 있다. 멀리 떨어진 거리에서 서로 마주 보고 나란히 서고 양은 중간 지점에 놓는다.

심판의 구령과 함께 말을 달려 양이 있는 지점에 도착하면 기수들의 격렬한 몸싸움이 벌어진다. 먼저 양을 낚아챈 자는 빼앗기지 않기 위해 전력을 다해 달아나고 나머지 사람들은 빼앗기 위해 뒤를 쫓는다. 실전을 방불케 하는 치열한 경기로 불구의 몸이 되는 경우도 있다. 낙오한 자들은 멀찍이 물러나서 남아 있는 자들이 펼치는 경기를 지켜본다. 모두 지쳐 움직이지 못할 때까지 달리다가 마지막에 양을 차지한 자가 승자가 된다. 경기가 끝난 다음 승자는 자기 집으로 마을 사람들을 초청하여 전리품을 요리하여 대접한다. 그는 가장 용감한 남자로 인정받기 때문에 모두 혼신의 힘을 다해 경기를 치른다.

띠야오양은 하사커족과 위구르족이 즐겨 하는 경기라고 하는데 이곳은 카작인들의 마을이라고 하지 않았던가? 위구르인은 이 경기를 오울라크라 하는데 이는 원래 '사냥하다'라는 뜻이었다. 그러면 이 경기는 유목생활 어딘가에서 시작되어 종족에 따라 분화되고 다른 이름을 붙였다는 뜻일까? 이런 경기가 생겨난 배경과 파생된 과정을 살펴보면 그들의 삶에서 경기의 의미를 읽을 수 있을 것이다.

이 경기는 강인한 체력과 말을 다루는 기술이 탁월한 자를 가려내는 과정을 포함한다. 양과 그들의 삶은 뗄 수 없는 관계일텐데 양은 쉽게 경기의 대상이 되고 승자의 전리품이 된다. 쟁취를 위한 치열한 다툼으로 강인한 체력과 정신력을 기르고, 서로의 실력을 확인하는 훈련으로 다른 민족과 싸워 이길 바탕을 키우는 방식도 된다. 경기의 핵심인 양의 쟁취에서 양이 소중한 자산이라는 태도가 표출된다는 생각도 든다. 이 경기는 역시 초지에서 삶을 꾸려가자면 빠뜨릴 수 없는 중추종인 양과 얽힌 이야기를 담고 있는 그릇인 것이다. 그렇게 호기심을 넘어 새로운 생각에 발동을 걸어보지만 거기까지다. 잠깐 스쳐가는 길이라 생태와 문화를 엮는 일을 뒷날로 남겨 놓아야 하는 마음이 아쉽다.

## 초원에 널린 가축의 똥
- 똥의 다양성은 곧 초지의 생물다양성, 문화다양성

"우리 여행길에 제비를 많이 만나기도 했지만 고창고성 입구에서부터 참새가 유난히 많았습니다. 그곳에서 참새 사진을 찍던 새박사가 이런 말을 했지요. '우리를 태웠던 노새와 말의 똥으로 참새가 많은 것 같다.' 이 말을 듣고 저는 문득 생각했습니다. '그래, 똥의 다양성이 자연의 다양성을 끌어내는 한 가지 요인이겠구나!'" 나는 띠야오양 경기를 보느라 끊어진 버스 안의 강의를 이어갔다.

이때 누군가 인간의 똥에 관심이 많은 서울대학교 인류학과 전경수 교수를 언급한다. 일행 중에 같은 인류학과에서 공부한 분들이 몇 분 있으니 연상된 것은 당연하다. 전 교수가 똥에 대한 책을 두 권이나 내고 똥에 대한 강연을 여러 곳에서 했던 사실은 나도 알고 있는 바다.

염소와 양의 똥은 우리가 이동하는 동안 많이 보았다. 아주까리 씨앗 크기로 둥글게 뭉쳐져 꼬들꼬들하게 말라 있었다. 노새와 말, 소의 똥은 그래도 물기가 좀 있다. 살라티에서 바얀블락 가는 언덕길 초원에서 엎드려 사진을 찍을 때 유혜종 씨의 바지에 묻은 똥은 아마도 배설되고 시간이 오래 지나지 않아 거죽만 살짝 마른, 소 또는 말의 똥일 것이다. 물기가 없는 염소나 양의 똥과 소똥, 어느 쪽이 빨리 썩을까? 그래도 후자가 더 빨리 썩어 영양소가 흙으로 돌아가고 그만큼 식물이 이용하는 정도가 높아질 듯하다. 소와 비교하여 똥을 배설하며 더 적은 물을 내보내는 염소와 양은 그만큼 건조지대에 적응한 전략을 갖춘 셈이고, 결과적으로 썩는 데 작용하는 특성도 차이가 있겠다.

똥의 성분과 분해속도가 다른 만큼 그것을 자원으로 이용하는 작은 동물(예를 들면 말똥구리)과 미생물의 종류도 다를 것이다. 그것이 바로 초지 생태계의 생물다양성을 높이는 한 가지 중요한 요소가 되겠다. 아직 누가 그런 사실에 주목하고 연구했다는 자료를 본 적이 없다. 수많은 생태학자가 숲과 초지를 동시에 생각해보았을 텐데 그 주제가 연구자들의 눈을 피해갔다는 사실을 이해하기는 어렵지만 나는 그러했기를 은근히 기대한다. 피해가기 어려울 정도로 발 아래 너저분하게 널려 있던 짐승들의 똥은 결코 무시할 수 없는 초지 생태계의 특성을 만들어가는 중요한 요소가 분명하다.

"시안에서 여기까지 오는 동안에 만난 염소와 양, 그리고 다른 가축을 생각해보시기 바랍니다. 어디에서 우리는 많은 염소와 양, 소, 말 떼를 보았지요?" 이 질문을 했던 것은 분명하지만 청중의 대답과 그에 대한 내 논평이 기억나지 않는다. 그런대로 스스로 크게 부끄럽지 않을 정도로 겨우 마무리를 한 흐릿한 기억이 나는데 뒤죽박죽 얽힌 현장의 이야기 내용은 아쉬운 마음을 남겼다.

"시안에서 허시후이랑(河西回廊)을 지나는 동안에 우리는 주변에서 염소와 양 떼를 만날 기회가 거의 없었습니다. 하지만 투루판에서 우루무치로 이동하던 날 오후 지나쳤던 다반청(達坂城) 부근에서 갑자기 넓은 초원이 나타났고, 저는 염소와 양, 소들이 많아졌다는 느낌을 받았습니다. 그곳에서 풀을 뜯는 가축 떼를 찍기 위해 달리는 차 속

노새가 있는
고창고성 풍경

가축 똥을 먹는 참새
박찬열 사진

엎드려 사진을 찍느라고 묻힌 소똥
박찬열 사진

살라티에서 바얀블락 가는 언덕의 초원

다반청 초원의 소와 염소, 양 김동영 사진

에서 사진기 셔터를 마구 눌렀지요. 아쉽게도 제대로 된 사진을 마련하지는 못했네요.

그리고 바얀블락 가는 길 주변 평원에서는 더 많은 염소와 양을 만났습니다. 기억 나지요? 우리는 차를 세우고 풍경을 찍을 여유를 비로소 맛보았지요. 하필 그곳에서 그런 마음이 나온 까닭은 무엇일까요? 바로 거기에 평화롭고 풍요로운 풍경이 있었기 때문이 아니겠어요?

저는 그런 현상이 앞서 언급했던 제한요인과 관련이 있을 것으로 봅니다. 물 이용 도가 제한요인인 건조한 지역에서는 비가 많아지거나 지형적으로 토양 수분을 간직하기 유리한 조건이 갖추어지면 생태계의 일차생산성은 늘어나지요. 일차생산성이 늘어나면 초식동물의 먹을거리가 많아집니다. 식물의 생산성과 동물의 양이 늘어나는 만큼 인간의 먹을거리가 넉넉해지겠지요. 먹을거리가 풍성해지면 사람들의 삶과 마음에 여유가 생기고 문화를 창출할 힘과 가능성도 증가하겠지요. 결국 사막과 초지 문화의 풍성함은 그 지역에 내리는 강수량 또는 물 이용도와 밀접한 관계가 있습니다.

더구나 지나온 지역은 대부분 모래투성이 땅이었습니다. 사질토는 흔히 우리가 진흙으로 알고 있는 점토질이 적당히 섞인 토양보다 수분을 간직하는 능력이 떨어집니다. 적게나마 내린 비가 흙 속에 보유되지 않아 식물이 이용할 수 있는 수분이 그만큼 줄어든다는 뜻이지요. 거의 보름 동안 우리가 밟아온 지역에서는 수분 이용도가 식물 생산성을 제한하기 쉬운 기후와 토양을 가진 셈입니다.

남이섬에서 도방을 운영하는 이혜경 선생이 언젠가 우리가 다닌 비단길에서 '돌과 나무에 흙을 입힌 소상(塑像)이 많이 보였다.'고 말했지요? 우리나라에서는 그런 기법으로 만든 작품이 그다지 없는 까닭이 늘 궁금했는데 여기 와서 나름대로 답을 찾았다고 했습니다. 물과 섞인 점토질은 마르면 쉽게 갈라지는 반면에 사질토는 갈라지는 정도가 작은 데 있다고 유추하였답니다.

제가 아는 정도의 토양 특성에 대한 이해를 고려한다면 아마 맞는 추측일 것입니다. 토양이 물과 섞인 정도에 따라 부피가 변하는 정도를 이르는 용어가 있는데 생각이

나질 않는군요. 어쨌거나 그 정도가 사질토보다 점토질에서 더 큰 것이 사실입니다. 이 이야기는 토양 조건이 만들어낼 수 있는 예술작품에도 영향을 준다는 사실을 의미합니다. 문화는 자연에 어느 정도 지배된다는 뜻이기도 하지요.

이 내용과 관련하여 저는 한 가지 의문을 가지고 있습니다. 어떤 지질적인 조건과 과정이 이 지역을 온통 사질토의 땅으로 만들었을까? 이 의문에 대답하기 위해서는 기반암 형성 과정과 풍화 과정에 대한 이해가 있어야 합니다. 그런 의미에서 이번 여행에 지질과 지형을 전공하는 전문가를 동반하려고 시도했지만 성공하지 못했던 것이 아쉬움으로 남습니다.

저는 근본적으로 환경결정론자입니다. 물론 이 이론은 인류학에서 폐기한 이론이라 저도 어느 정도는 수정을 했습니다. 수정 환경결정론자라 부를 수 있는 저는 문화와 자연환경을 그림과 그림이 그려지는 바탕의 관계로 비유합니다. 바탕의 종류에 따라 다른 그림이 나오겠지요. 물론 같은 바탕이라도 다른 그림이 나오는 만큼 같은 환경에서 특성이 아주 다른 문화가 나오기도 합니다. 그러나 바탕은 그릴 수 있는 그림을 상당 정도 제약하지요. 비슷하게 건조한 초지라는 바탕에 그릴 수 있는 문화와 물이 넉넉한 온대 지역에서 쌓아가는 문화는 다른 특성을 지니겠지요. 제가 비단길 여행에서 늘 가슴에 품고 있는 의문은 사람이라는 매체 뒤에 앉아 문화를 끌어내는 자연의 역할입니다. 인류학을 하시는 분들은 문화 자체에 역점을 두겠지만, 자연과학을 전공한 저는 자연이 문화를 이끌어낸 과정에 관심을 두고 있는 것이지요.

앞에서 이경우 변호사님이 이곳 문화와 유적들의 생성에 민초들이 맡았던 역할에 의문을 제기하셨습니다. 늘 힘 있는 자들을 중심으로 기록되는 역사에 대한 지적이었지요. 저는 우리가 지금도 만나는 민초들을 문화 창출에 직접적으로 기여했던 권력자나 상인, 예술가들을 땅과 연결하는 고리로 봅니다. 배고픈 예술가들이 걸작을 만들기도 하지만 궁극적으로 문화를 일구는 사회의 에너지와 창의력은 먹을거리가 뒷받침되어야 가능합니다.

이혜경 작가의 도자기 작품 이혜경 사진

답사 첫날, 시안을 이웃한 함양공항에 도착하기 전 하늘에서 내려다본 관중평야

풍성한 먹을거리는 땅이 제공할 수 있는 잠재력에서 나오는 것이지요. 땅의 잠재력을 먹을거리로 바꾸는 직접적인 역할은 민초들이 맡고 있습니다. 민초들이 맡고 있는 생산성이 바로 문화를 낳은 바탕입니다. 이런 생각 때문에 저는 중국인들의 자부심인 당나라의 상업뿐만 아니라 먹을거리를 생산하던 농경 방식에 궁금증을 품고 있습니다. 첫날 시안에 도착하기 전에 내려다보던 관중평야의 풍경을 기억하시는지요? 드넓은 들판이었지요. 그 들판이라는 바탕에 쟁기질과 팽이질을 하던 농부와 농부의 노동력이 제대로 발휘되어 일차생산성(경작물을 포함하는 식물의 생산성)을 이끈 제도적인 뒷받침이 없었다면 이번 답사에서 만났던 유적들의 생산도 쉽지는 않았을 겁니다.

바다와 만나는 것은 하류의 큰 강물이지만 지류가 없이는 그 강물도 생기지 못하는 법이지요. 바다와 강물의 만남이 긴 역사를 통해 유적으로 남는 문화라면, 그 만남이 있기 위해 없어서는 안 되는 지류도 당연히 무시하면 안됩니다. 그동안 어렵다는 이유로 바다와 강물의 만남에서 지류가 하는 역할에 대해 관심을 두지 않고 아예 생각하기조차 포기했던 셈입니다. 그래서 많은 역사가들은 땅과 민초들의 생산성이 아닌 권력자들의 이름을 기록하는 것이 고작이었지요. 지금까지 주목하지 않았던 땅과 민초 그리고 문화생산자들 사이에 놓인 제대로 된 관계를 찾아야 합니다. 어쩌면 이제 겨우 그 관계를 설정할 새로운 패러다임을 찾아야 할 문화적 초석이 놓이는 시기에 당도한 것인지도 모릅니다."


## 사막화, 염소와 양 때문이었을까?
– 초지 생태계와 문화의 복원이 사막화 방지의 출발점

"제가 비단길 여행을 다니게 된 다음부터 슬금슬금 사막화 방지 사업으로 빨려 가는 느낌을 받습니다. 돌아가면 일주일 후 내몽골 쿠부치사막에 조사를 갈 예정입니다. 그 사막은 우리 여행의 출발지였던 시안의 북쪽 지역에 있답니다. 황허강 중류에서 물의

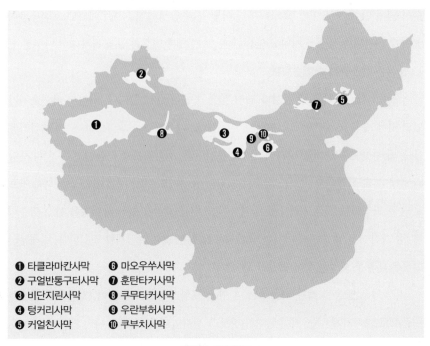

**중국의 사막 분포**

자료 출처: 中地理精品程建

● 타클라마칸사막   ● 마오우쑤사막
● 구얼반통구터사막   ● 훈탄타커라사막
● 비단지린사막   ● 쿠무타커라사막
● 텅커리사막   ● 우란부허사막
● 커얼친사막   ● 쿠부치사막

방향이 북으로 갔다가 거의 직각으로 동으로 꺾여 쭉 간 다음 다시 남쪽으로 흐르며 마치 모자를 뒤집어놓은 모습을 지도에서 볼 수 있습니다. 그 지역 안에 있던 초지가 사막으로 변한 곳이 바로 쿠부치사막입니다. 중국과 우리나라의 황사 피해를 줄이겠다는 의도로 그곳에서 녹화 사업을 하는 분이 작년 가을에 제게 조언을 요청했습니다. 그래서 최근에 기존의 사막화 방지 사업에 대한 문제점을 살펴보았습니다.

사회주의를 고수하던 중국이 사유재산을 인정하면서 염소와 양의 숫자가 급격하게 늘어나게 됩니다. 기존의 사막화 방지 사업은 이렇게 늘어난 염소와 양을 사막화의 주범으로 봅니다. 그리고 염소와 양을 배제하고 나무를 심는 방식으로 사막화 방지 사업을 하려고 하지요. 저는 그런 접근에 찬성하지 않습니다. 앞에서 말씀드린 것처럼 수천 년 동안 초지로 있던 땅은 나무가 아닌 풀과 공생관계를 이루어왔던 초식동물이 있어야 유지되는 특성을 지니고 있습니다. 그 땅에서 염소와 양을 몰아내고 나무를 심는 방식은 성공하기 어렵습니다.

　나무는 성장하기 위해 풀보다 훨씬 많은 물을 필요로 합니다. 따라서 자연초지가 있던 땅에 숲을 조성하면 물 소비가 늘어나지요. 나무가 지하수를 뽑아 올려 증산작용을 통해 하늘로 수증기를 날려버리기 때문입니다. 결과적으로 사람이 만든 숲이 사람과 물을 서로 쓰겠다고 다투는 경쟁자가 되는 셈이지요. 그런 까닭에 건조한 사막 안으로 숲을 확장하는 것은 지하수를 탕진하여 또 다른 재앙을 불러올 여지를 안고 있습니다. 강 가까이 토양 수분이 넉넉한 땅에 나무를 심는 것은 바람직할 것입니다. 원래부터 그곳은 대부분 풍성한 숲이 있었던 곳이지요. 바로 거기에 물이 넉넉했기 때문이지요.

　사막화된 땅을 녹화할 때는 염소와 양을 포함하는 초식동물이 그 안에서 적절한 수준으로 살아가게 하는 것이 현명한 방도라 생각합니다. 초지와 사막 가운데 있는 오아시스의 문화적인 지속성을 담보하려면 초식동물이 어느 정도 있어야 적당할까요? 그것은 지금부터 사막화 방지를 위해 풀어야 할 숙제입니다. 적절한 무리의 초식동물과 공존할 수 있는 문화가 바로 초지 생태계의 지속가능성을 보장하는 관건입니다. 이것이 제가 작년부터 품고 있는 생각입니다.

　여행을 떠나기 전에 이미애의『사막에 숲이 있다』를 읽으며 오래 전부터 마음 한쪽에 담겨 있던 내용을 확인했습니다. 시안의 북쪽, 내몽골 쿠부치사막 남쪽에 있는 마오우쑤(毛烏素)사막에서 역경에 맞서 치열한 삶을 꾸린 한 현지 여인의 이야기랍니다.

　주인공 인위쩐(殷玉珍)은 모래 언덕 비탈에서 자라는 풀 몇 포기를 발견합니다. 모래를 헤치고 풀뿌리를 따라가 보니 뻗친 거리가 잎 크기의 열 배나 되었습니다. 이 우연한 발견과 함께 평범한 여인이 얻은 깨우침을 저자 이미애는 이렇게 옮겨놓았더군요. '특이하게도 풀뿌리가 뻗은 곳의 모래는 다른 곳보다 입자가 작고 고르며 비교적 단단히 뭉쳐 있었다.' 이 현상을 보고 인위쩐은 쾌재를 부릅니다. '그래, 이거야! 풀이

사막에 나무를 심는 인위전의 모습 (주)허브넷 사진

인위전이 심은 풀과 나무 (주)허브넷 사진

자라는 곳에 나무를 심으면 뿌리가 더 단단히 내리겠구나.'

풀뿌리 주변의 모래 입자가 작고 고른 까닭은 무엇일까요? 저는 아직 이 부분의 표현이 정확한지, 정확하다면 왜 그런지 의문을 품고 있습니다. 그러나 입자가 뭉쳐져 있는 사실에 대해서는 할 이야기가 있습니다(이 사실은 책의 뒷부분에 나오는 다른 내용과 맥이 닿아 있다.).

'사류(沙柳, 건조한 지역에 잘 견디는 버드나무의 일종)가 자라는 곳은 모래가 다르다. 한 주먹 손에 쥐면 손가락 사이로 물 새듯 다 새 나가는 모래들이 무슨 조화인지 바람에도 날리지 않고 뿌리를 둘러싼 채 정착한다. 그렇게 몇 해가 지나면 모래가 서로 뭉쳐서 덩어리진 흙이 된다. 바로 그때가 다른 나무를 심기 좋은 시기다.'

뭉쳐 있는 흙덩어리의 구성요소는 원래 낱낱이 독립되어 있던 흙 알갱이들의 묶음입니다. 숲이나 초지에서 누구나 이러한 흙덩어리 실체를 쉽게 확인할 수 있습니다. 한 조각의 흙을 비벼보면 부서지겠지요. 그것은 어떤 힘에 의해서 토양 낱알들이 서로 붙어 덩어리를 이루었기 때문입니다. 부서지기 전의 상태, 그 흙덩어리는 더 작은 흙덩어리들로 이루어져 있습니다. 작은 단위의 묶음을 한자 세대의 토양학자들은 입단(aggregate)이라 부릅니다. 입자의 무리라는 뜻이지요. 누군가 떼알이라는 순수한 우리말로 용어 변경을 시도한 적이 있는데 쉽게 통용되는 것 같지는 않습니다. 그러나 순수한 우리말을 더 좋아하는 저는 앞으로 그렇게 부르겠습니다."


# 모래뿐인 사막에서 식물이 자랄 수 있을까?
– 미생물이 있어야 흙과 생명이 시작된다

"사막 현장에서 삶으로 자연의 섭리를 익힌 주인공 인위쩐은 식물과 떼알 형성의 인과 관계는 모르지만 서로 상관관계를 가진다는 사실을 압니다. 토양 떼알의 형성에는 물론 식물이 작용하지만 흩어져 있는 모래 알갱이를 묶는 힘을 더 직접적으로 발휘하는 것은 미생물입니다. 그녀의 눈에는 떼알을 만드는 미생물이 보이지 않을 것이고, 또한 그녀는 미생물의 역할도 개의치 않을 겁니다.

하지만 떼알을 만드는 미생물의 역할은 무엇보다 중요합니다. 조금만 더 깊이 파고든다면 몇 가지 의문이 생길 것입니다. '알갱이를 묶으려면 힘은 거저 나오는 것이 아니다. 에너지를 써야 된다. 미생물이 낱알을 묶는 화학적 물리적 힘을 갖춘 물질을 일부러 만들어야 하는데 왜 그런 짓을 할까? 미생물들이 이 땅에 출현한 이후 수십억 년 동안 그런 일을 계속하고 있다면 까닭이 있을 것이다.' 실은 제가 이러한 의문을 품은 지 20년이 지난 지금, 이제 세상에는 그 하찮은 현상에 매달리고 있는 많은 학자들이 있습니다. 떼알 속에 저장되는 탄소 때문입니다. 온실효과를 일으키는 이산화탄소는 식물에 흡수되어 광합성 작용을 통해 유기탄소로 바뀐 다음 생태적 과정(주로 토양 동물과 미생물들의 활동)을 거쳐 떼알 속에 간직되지요. 그 양이 만만치 않다는 사실을 확인한 것은 최근의 일이고요. 이제는 미국 과학재단과 토양학회의 많은 연구비가 할당되는 연구 주제가 되기도 했습니다.

토양 떼알 형성과 근래에 읽은 새로운 논문 한 편의 주제는 이번 답사를 떠나기 직전에 제게 다른 생각을 일으켰습니다. '사막을 먼 하늘에서 내려다보면 모래 바탕 안에 오아시스 조각(patch)들이 흩어져 있는 모습일 것이다. 더 가까이 가 보면 오아시스 주변 건조한 땅에서는 규모가 작은 식물 덤불들이 듬성듬성 나타나는 모습이리라. 더 가까이 가보면 때로 풀포기가 드물게 박혀 있는 땅도 보이겠지. 조금 더 가까이 다가가 본다면 식물이 없어도 이끼류가 자리 잡은 생명의 더미(흔히 생물토양더께, biological soil crust라 함)도 확인하게 될 것이다. 무생물인 모래밭 바탕과 그 안에 박힌 생명을 지닌 조각들이 자아내는 이러한 공간 위계의 의미는 무엇일까?' 이 주제는 여기서 다루기에 벅찬 수준이라 당분간 묻어놓아야 합니다. 대신에 저는 여력이 있다면 사막 부근에서 생물토양더께의 분포와 특성을 개략적으로 살필 생각도 했습니다. 떠나기 직전에 읽은 논문에서 아래 내용도 옮겨놓았습니다.

이끼가 우세한 생물토양더께 (2011년 4월 9일 경기도 예봉산) [1]

'생물토양더께란 토양 표면에서 지의류(lichen)와 솔이끼(moss), 우산이끼(liverwort), 남조류(cyanobacteria), 기타 생명체를 포함하는 아주 미세하지만 중요한 생물들로 이루어진 군집이다. 이 생물들은 점착력이 있는 수평적인 얇은 막을 이루며 토양 무기입자와 긴밀하게 결합되어 있다(Bowker 2007).' 환경조건에 따라 지의류나 이끼, 남조류가 우점하기 때문에 겉보기가 지역에 따라 다른 것도 생물토양더께의 특성입니다.

떼알의 생태적 특성에 대한 이야길 더 해보겠습니다. 화산 폭발이나 산사태로 식물이 완전히 사라져 드러난 맨땅으로 처음 찾아오는 생물은 생명력이 끈질긴 미생물입니다. 눈에 보이지 않는 미생물이 삶의 터전을 꾸리면 땅이 조금씩 변합니다. 그 변

---

1 더 많은 사진은 다음 사이트에서 볼 수 있다. http://www.blm.gov/nstc/soil/crusts/index.html

한 땅으로 생물토양더께를 이루는 미세한 생물들이 거처를 마련합니다. 이때쯤에는 미생물 활동으로 어느 정도 토양 떼알이 만들어집니다. 그러니까 생물토양더께는 표토의 떼알과 흔히 진화적으로 식물보다 원시적이라고 보는 생물의 혼합물인 셈이지요. 건조한 날씨와 뜨거운 태양이 내리쬐는 열악한 환경에 견디는 모진 특성 덕분에 지구상에 출현한 지 오랜 세월이 흘렀어도 도태되지 않고 살아남은 미생물들이 바로 생태계의 초기 개척자 역할을 합니다.

이들이 만든 생물토양더께는 미세한 생물들이 자신의 삶을 꾸려 나가는 데 필요한 자원을 축적한 공간이지요. 우리가 자연이 생산 활동을 하는 땅에 삶의 공간을 꾸리듯이, 또는 우리가 만든 집으로 새나 벌레와 같은 다른 생물들이 집을 짓듯이 더께는 맨땅보다 다음에 찾아올 다른 생물들이 깃들기에 편안한 장소이지요. 관련 논문의 내용에 약간의 설명을 보태어 소개해보겠습니다.

생물토양더께는 토양의 질을 향상시킵니다. (1) 비와 바람에 침식되는 정도를 줄입니다. 침식에 저항하는 힘을 지닌 떼알로 이루어져 있고 또한 미세생물이 집단적으로 지표를 보호합니다. (2) 열을 간직하여 토양 표면의 온도를 증가시킵니다. 맨땅보다 빛을 잘 흡수하는 색이며 푹신한 유기물의 집적이기 때문입니다. (3) 물이 땅속으로 침투되는 양을 증가시킵니다. 토양 낱알이 묶여 떼알로 만들어질 때 생긴 떼알과 떼알 사이의 빈 틈(흔히 토양 공극이라 한다.)으로 물이 쉽게 스며들기 때문입니다. (4) 질소와 탄소를 고정시켜 토양 비옥도를 증가시킵니다. 생물활동으로 고정된 유기물뿐만 아니라 토양 떼알 안에 생물의 필수영양소가 축적되어 있습니다.

이렇게 미생물이나 식물이 맨땅에 접종되면 토양 떼알과 생물토양더께가 만들어집니다. 그런 까닭에 사막의 여주인공 인위쩐이 풀포기가 있는 토양에서 깨우친 것처럼 생물토양더께가 있는 곳에 나무를 심으면 자라기 좋겠지요. 우리나라와 같이 온화한 조건에서는 초기 생성기간이 비교적 빠르고 식물들이 금방 뒤이어 들어와 지면을 덮기 때문에 보통의 눈으로는 인식하기 어렵지요. 그러나 열악한 기후와 토양 조건에서는 생물토양더께가 생기고 유지되는 기간이 꽤 길기 때문에 쉽게 관찰할 수 있을 것으로 짐작했습니다.

그러나 염두에 두었던 조사는 우리의 빠른 일정 안에서 잊힌 채 실천으로 옮겨지지 않았습니다. 마음은 품었지만 그럴 여건을 얻지 못했던 것이지요. 이제 8월 초 쿠부치사막에 가서 여유를 가지고 검토할 계획입니다."

## 사막화 방지의 대안을 똥에서 찾다
### ―동물의 배설이 생태계에서 갖는 의미

"대신에 이번 여행에서 얻은 새로운 수확은 앞서 언급했던 똥의 다양성에 대한 관심이지요. 염소와 양, 말 그리고 소를 포함하는 가축의 똥을 사막화 방지 사업에 활용해볼 궁리를 하고 있습니다. 상식적으로 생각해도 동물의 똥이 초지 복원을 진작시킬 요소임에는 분명합니다. 가장 큰 문제는 똥을 최소한의 비용으로 초지가 복원되어야 할 땅에 끌어넣는 방식이지요. 미물들을 꼬이게 하자면 물기가 넉넉한 물컹물컹한 똥이 제격인데 사막의 따가운 햇볕에 금방 마르겠지요. 넓은 사막으로 똥을 공급하고 오래 유지되도록 하는 자연스런 방식, 그것이 이제부터 제가 고민해야 할 한 가지 숙제입니다. 쉽지 않은 일이겠지요?"

여기서 순수과학자로서 나는 의문을 품는다. 동물들이 삶을 유지하기 위해 하루에 얼마나 먹고 얼마나 배설할까? 먹이사슬과 먹이그물이라는 용어를 만든 동물생태학자들은 왜 먹고 먹히는 관계에만 주목했을까? 먹히는 자의 입장에서 보면 일생에 단 한 번뿐인 사건이 기구하고 절실하기 때문일까? 아니면 그 관계를 인생에 투영해보면 순전히 극적이기 때문일까? 배설된 물질의 경로 뒤에 놓인 과학적 사실들이 과연 먹고 먹히는 관계보다 흥미가 떨어지는 주제일까?

먹는 양보다 적기는 하지만 하루하루 배설하는 양을 더하면 한 마리 몸에 포함된

쿠부치사막에서 진행된 한중미래숲의 녹화 활동 (2007년 8월 5일, 2008년 3월 31일)

에너지와 물질의 양보다 엄청나게 많을 터이다. 그런 만큼 동물들의 배설은 생태계에서 중대한 의미를 가지는 과정일 것이 분명하다. 아무리 생각해봐도 생태계 연구에서 배설물을 매개로 일어나는 생물활동과 에너지·물질 흐름은 지금까지 과소평가되었거나 무시된 것이 틀림없다.

TV 프로그램 「동물의 왕국」에서 우연히 본 장면에서, 말똥구리가 똥을 뭉쳐 알을 까고 오소리가 그 알을 훔쳐 먹었다. 동물의 똥－말똥구리의 알－오소리로 이어지는 에너지와 물질 이동 과정 또한 생태계의 먹고 먹히는 먹이사슬 만큼이나 극적인 장면을 연출한다.

마찬가지로 풀－초식동물－배설물－분해자－육식동물로 이어지는 에너지와 물질 흐름의 경로를 그동안 소홀히 다뤘다. 우선 한 마리의 소나 염소, 양이 평생 배설하는 똥은 얼마나 될까? 똥의 무게와 몸무게가 어떤 관계가 있는지 자료를 만들어볼 필요가 있겠다. 그 값은 먹이사슬의 단계에 따라 다를 듯하고, 먹이 종류에 따라 다를 것이다. 같은 종이라 하더라도 지리적으로도 차별성이 있을 터이다. 값을 결정하는 핵심 요인이 무엇일지 찾아보는 것은 새로운 연구 주제가 되겠다. 이렇게 생각을 뻗쳐보니 각양각색의 동물종에 대한 그 값은 생태계 연구에 새로운 전망을 던져줄 변수가 되겠다는 생각조차 든다.

글을 쓰다 보면 일어나는 이런 생각으로 내 상상의 나래는 더 멀리 뻗쳐간다. 똥이나 오줌은 생물이라는 계(system)의 출력(output)이며 폐기물이다. 생물과 마찬가지로 에너지와 물질로 활력을 얻는 모든 계는 입력과 함께 출력을 가지는 공통적인 특성이 있다. 인간사회의 가정이나 기업도 그런 점에서 생물과 비슷하다. 이를테면 신혼부부로 시작하는 가정과 새로 시작한 기업은 시간에 따라 받아들이고 내보내는 에너지와 물질의 양이 다르다. 내보내는 에너지와 물질은 제품과 폐기물로 나누어진다. 마찬가지로 양이라는 계는 풀을 먹고 물을 마셔 양털이라는 제품과 똥이라는 폐기물을 생산한다. 양털은 사람들의 자원이 되고 똥은 자연의 청소부인 미생물과 벌레들의 자원이 된다.

하나의 계에서 나오는 폐기물은 그것을 활용하는 다른 계와 제대로 연결이 되면 자원이 되는 것이다. 그런 점에서 초식동물의 똥은 사람들에게는 더러운 물질이지만 자연의 청소부를 만날 때는 생태계의 소중한 자원이다. 인간 세계의 폐기물도 그것을 대사물질로 활용하는 자연 세계와 짝을 이루면 모두 자원이 된다. 다만 사람들이 자연계와 인간계를 제대로 연결 짓지 못해 오늘날의 많은 환경문제가 생기는 것이다.

아울러 동물이 배설하는 똥과 몸의 무게 비는 기업의 자원 입력/기업 무게(자본)비와 비슷한 위치에 놓인다. 기업마다 자원 종류와 회전률이 다르듯이 동물이 자원으로 이용하는 물질과 회전률도 다르다. 자원 종류와 회전률이 기업의 특성을 나타내는 변수가 되듯이 동물이 이용하는 자원의 종류와 회전률은 동물의 특성이 된다. 모든 기업이 창업 이후 활용하는 자원(자본과 원료)의 종류와 회전률이 다르듯이 동물들도 탄생과 성장, 노화 과정에 따라 그러한 변수들이 바뀐다. 변화무쌍한 기업의 운명과 달리 동물의 생리적 특성은 어느 정도 방향성을 가지는 만큼 그러한 변수들의 지리적 분포와 시간적 변화 특성은 예측하기 쉽겠다는 생각도 든다.


## 톈산북로 여정을 마무리하며

비단길에 깊은 관심을 가지고 연구하신 정수일 선생은 경주를 비단길의 동쪽 끝으로 본다. 아직 대부분의 우리나라 사람들은 시안에서 서쪽으로 이어지는 길로 비단길 여행을 시작한다. 나는 2004년 둔황을 본 다음 비행기로 우루무치까지 이동하여 타클라마칸사막을 종단하고, 사막남로를 따라 카쉬가르까지 이어지는 답사로 비단길과 처음 인연을 맺었다. 그러다 보니 특별히 시안에서 둔황으로 이어지는 지역을 보지 못한 마음이 늘 허전했다. 그래서 이번 답사는 시안에서 출발하는 일정으로 마련했고, 우루무치까지 답사는 메모와 사진을 따로 챙겨놓았다.

바얀블락

　여기서는 우루무치에서 바얀블락을 오고 가는 길에 만난 풍경을 정리하며 지역의 물 이용도에 주목했다. 우리가 지나온 대부분의 땅이 사막과 초지, 숲이고 그러한 경관을 땅에 그려놓는 결정적인 환경요인이 물이기 때문이다. 그렇게 식물이 그린 풍경 위에 동물들이 작용하고 또 인간의 힘이 보태지면서 풍경은 바뀐다. 그 바뀌는 과정의 한 형태인 사막화가 우리의 삶을 위협하는 수준에 이르렀다.

　위협에서 벗어나는 길을 찾자면 사막화가 일어나기 전에 있던 원래의 생태계 안에서 일어나던 현상과 그 현상을 주도하던 생명체들의 역할을 면밀하게 살펴봐야 한다. 환자를 치료하자면 병의 원인에 대한 제대로 된 진단이 필요하듯이 사막화라는 경관 변화를 일으키는 까닭을 먼저 밝혀야 한다는 뜻이다.

사막화는 초지 생태계의 근간이 붕괴되면서 생기는 일이라 원래 초지의 진면목을 확인하는 작업은 마땅히 필요하다. 그래서 드넓은 삶의 공간인 초지 생태계의 작동을 좌우하던 물과 함께, 염소와 양을 포함하는 초식동물들을 중심에 놓고 수천 년 동안 유지되었던 유목민의 절박한 삶과 문화에서 지속가능성의 길을 엿보려고 했다. 유목민들이 그렇게 옮겨 다니며 살았던 데는 그만한 까닭이 있었고, 그 생태계를 받치고 있던 근간이 무너지면 삶도 문화도 보장될 수 없다.

이번 답사에서 그동안 전혀 주목하지 않았던 배설물이 생태계에서 하는 역할을 우연한 사건을 계기로 고민해본 것은 색다른 수확이다. 배설물을 매개로 일어나는 생물 활동과 에너지 · 물질 흐름은 향후 생태계 연구에서 중요한 연구 주제로 부상할 것이라 믿는다. 특히 상대적인 동물량(전체 식물 무게에 대한 전체 동물의 무게)이 많은 초지에서는 배설물을 거쳐서 일어나는 에너지와 물질 흐름이 생물다양성을 포함하는 생태계 특성에 지대한 영향을 끼칠 것이라는 가설을 제안해본다. 가설검정 자체가 흥미로운 연구 과제이며, 그 결과는 초지관리와 사막화 방지 사업에 새로운 지평을 열어줄지도 모른다는 기대도 해본다.

마지막으로 생물토양더께와 떼알을 좀 장황하다 싶을 정도로 길게 소개했다. 미생물과 식물, 동물이 어우러져 만드는 산물이라 앞에서 소개한 내용들과 연결되는 내용이다. 특히 이들은 토양 유기탄소와 수분을 유지하는 바탕이라 사막화 방지에 고려해볼 수 있는 소재가 되리라 본다.

# 땅과 물,
# 삶이 얽힌 사연

코카서스 3국

러시아

조지아 　고리
　　　　　　　츠헤타
　　　　　　　트빌리시

　　　　아르메니아　　　　　　　쉐키
　　　　세반호수
터키
　　　　에레반　　　아제르바이잔　고부스탄
　　　　　　　　　　　　　　　　　　　　　바쿠

이란

**코카서스 3국**
**여행 경로**

아제르바이잔 바쿠(2011년 7월 9일) - 고부스탄(10일) - 쉐키, 발라칸(11일) -
조지아 트빌리시(12일) - 츠헤타(13일) - 고리(14일) - 사다클로, 아르메니아 세반
호수(15일) - 트빌리시, 가르니사원(16일) - 에레반(17일)

초등학교 3학년 때 처음 만화를 읽었다. 서양 신화에 기초를 두고 가공한 내용을 담고 있었다. 지금도 뚜렷이 기억나는 만화의 제목은 『헤라클레스와 바이킹』으로 카스피해가 배경이었다. 생전 처음 만난 이색적인 이름에 발동했던 호기심은 세 단어를 내 뇌리에 깊이 새겨놓았다. '헤라클레스와 바이킹은 누구며 카스피해는 어디 있는가?' 중학생이 된 다음 지리부도에서 카스피해의 위치를 확인했고, 훨씬 뒤에는 그곳이 꿈의 길, 비단길에 닿아 있다는 사실도 알게 되었다. 그런 만큼 카스피해는 참으로 오래된 내 동경의 세계 안에 있었다.

2010년 답사 경로를 처음 구상할 때는 먼저 투르크메니스탄을 거쳐 배로 카스피해를 건너 아제르바이잔으로 가는 일정을 고려했다. 그러나 2004년부터 연례행사처럼 진행되던 비단길 여행을 여러 사정으로 한 해 쉬게 되었다. 그리고 한 해가 지나면서 항공료도 대폭 인상되었다. 애초에 계획했던 긴 여정을 감당할 시간을 낼 수 있는 사람들이 많지 않았고 주머니 사정도 녹록치 않았다. 결국 카스피해를 배로 건너는 낭만은 단념하고 아제르바이잔과 조지아(그루지아는 러시아식 발음), 아르메니아 3국을 비단길 중심으로 탐방하는 쪽으로 수정했다.

카스피해는 그렇게 언젠가 풀어야 할 숙제처럼 남았다. 변경된 노정이 아쉽긴 하지만 중국 시안에서 시작하여 이스탄불까지 옛 비단길을 매년 여름 보름씩 10년 가까이 나누어 찾은 내게는 채워 넣어야 할 공간이다. 그러나 아제르바이잔의 수도 바쿠에서 고부스탄 가는 길에 멀리 바라봤던 청정한 빛깔의 바다는 더 깊어진 동경의 풍경이 되었으니 크게 서운할 것도 없다. 이 깊은 동경은 뒷날의 답사를 더욱 알차게 만들 밑

거름인 것이다. 이제 나의 비단길 답사 경로는 중국 신장 땅에서 키르기스스탄으로 넘어가는 파미르고원 일대와 이란에서 국경을 넘는 부분만 채우면 된다. 이곳들은 좀 호젓하게 느릿느릿 찾아볼 만한 땅이다.

여기에 소개하는 내용은 여행 말미에 버스 안에서 주어진 임무로 이야기했던 여행 소감을 정리한 것이다. 먼저 땅과 물의 얼굴을 바꾸는 사람의 마음과 손길을 소개한 다음 자연이 만드는 땅과 생명의 고리를 풀어봤다. 나는 가끔 풍경의 과거와 약간의 미래를 읽어내는 내 공부가 관상가가 사람의 얼굴을 읽어 과거의 이력과 미래의 운명을 짐작하는 바와 닮은 데가 있다고 본다. 마지막으로 아주 오래된 내 공부의 꼬투리를 근거로 흔히 만나는 길섶의 녹지가 말없이 드러내고 있는 의미를 담았다.

## 수도 트빌리시를 관통하는 쿠라강
### - 흙탕물이 흐르는 까닭을 찾다

이번 여행의 백미는 조지아의 옛 수도이며 종교 중심지인 츠헤타(Mtskheta)의 즈바리 교회(Jvari Monastery)에서 시작된 7월 13일 수요일 일정이다. 여행 초기에 비교적 무거운 분위기를 자아내던 내 표정에 이날은 왠지 생기가 돌았다는 동행자의 표현도 나중에 들었다. 아마도 이때쯤부터 나는 여행 일정을 미리 챙겨볼 수 없을 정도로 분주했던 일상에서 벗어나 낯선 여행길에 어느 정도 적응했고, 아제르바이잔의 메마른 풍경을 넘어 만난 신선한 산악 풍경이 마음을 위무하는 전환기를 맞았던 것이다.

한국을 떠나기 전까지 바쁜 나날로 마음의 준비 없이 맞았던 아제르바이잔에서 시간은 어리둥절해 하는 사이에 지나가 버렸다. 능숙한 현지 안내인 발라쉬의 잘 짜인 군대식 일정 관리는 나무랄 데 없이 절도를 갖추었지만 다른 한편으로는 컨베이어 벨트에 실린 채 자리를 옮겨가는 기분을 준다. 애초에 책임을 졌던 선배 안내인의 갑작스러운 개인 사정으로 대신 맡게 된 신출내기 조지아 안내인의 서툰 방식이 오히려 다른 데

조지아의 아라그비강(위쪽)과 츠바리강(오른쪽)이 만나 쿠라강(왼쪽)을 이룬 풍경 (13일 오전)

조지아의 수도 트빌리시를 관통하며 흐르는 쿠라강의 물빛 (14일 오후)

츠바리강에 흙탕물을 일으키는 하나의 요인으로 추정되는 골재 채취.
강을 가로지른 시설은 천연가스 수송관이다. (13일 오후)

로 한눈을 팔며 스스로를 살피게 하는 마음의 여유를 내게 안긴 듯싶다.

조지아의 수도 트빌리시를 출발한 이날 우리를 태운 버스는 비록 흙탕물이었지만 풍성한 물이 흐르는 계곡 사이를 지났다. 즈바리교회가 자리 잡은 언덕에 올라 내려다 본 아름다운 고도와 녹색 풍경으로 눈이 시원했던 기억은 지금도 생생하다.

각각 터키와 조지아의 코카서스 산악 지역에서 발원하여 흘러내린 아라그비 (Aragvi)강과 츠바리(Mtsvari)강은 츠헤타에서 만나 쿠라(Kura)강을 이룬 다음 20km 남쪽의 트빌리시를 통과하고, 아제르바이잔 땅을 거쳐 카스피바다에 물을 보탠다. 언 덕에서 바라보는 두 개의 지류와 쿠라강은 온통 흙탕물이다. 트빌리시에서부터 우리 가 이미 만나기 시작한 흙탕물의 사연에 대한 궁금증은 여기까지 계속 이어졌다. 이날 하루 일정을 모두 마칠 때는 어느 정도 답의 방향을 잡은 다음, 여행의 끝 무렵에 만난 아르메니아의 수도 예레반에서 거의 확신의 길에 이르게 되었다.

이날 언덕에서 내려다본 고도 츠헤타를 들른 다음, 츠바리강의 물줄기를 이웃하며 놓여 있는 군사도로를 따라 북상하여 목적지인 카즈베키의 산마루에 있는 삼위일체교회에서 카즈베크산을 바라보고 돌아왔다. 우리가 다녀온 길은 옛 비단길의 일부인데 군사도로라는 이름은 소련이 코카서스 지역을 지배하는 수단으로 확장하고 정비한 데서 비롯되었다.

느리게 자란 나무가 단단하듯 오르막길은 힘들어도 느린 만큼 풍경과 반응하는 여행자의 마음을 다지는 효과를 발휘한다. 군사도로를 따라 버스가 코카서스산맥을 기어오르는 동안 나는 아름다운 풍경에 지친 심신을 달래는 한편 츠바리강이 흙탕물인 사연을 천천히 읽어내는 여유를 가졌다. 여기저기 보이는 강바닥의 골재 채취작업은 강물에 곧장 뿌연 토사를 보태는 하나의 행위임이 틀림없다. 그런 광경은 여행객들이 배를 채우기 위해 차를 멈춰 세우는 작은 마을까지 이어져 물길의 너비가 비교적 넓은 평지에서는 심심찮게 시야에 들어왔다.

골재 채취는 저 멀리 사람들이 붐비는 도시공간에서 바로 그 자원을 갈구하기 때문이려니 이 광경은 도시인들의 마음이 시골 강바닥에 그리는 그림인 셈이다. 따지고 보면 공간 안에서 일어나는 행위는 다른 공간의 욕구와 맞닿아 있으니 풍경 뒤에는 바로 그 공간에 조상 대대로 뿌리를 내린 사람들의 마음과 돈을 매개로 그 마음을 부추기는 또 다른 마음이 겹쳐 있는 것이다.

## 풍경은 생태학의 자연 학습장
### - 땅의 얼굴 읽기, 관경(觀景)

츠바리강변에 있는 작은 마을의 정원이 딸린 집에서 우리는 점심식사를 해결했다. 그야말로 상당한 규모를 자랑하는 집에서 조지아 시골의 별식을 맛보는 시간은 행복했

인공초지 사이로 그어진 땅의 침식 현장 (13일 오후)

다. 허기를 지운 다음 잠시 시골 사람들과 쉽지 않은 소통의 시간을 가지며 함께 사진을 찍는 여유도 누렸다. 그 소읍을 떠난 지 얼마 지나지 않아 버스는 코카서스산맥의 경사지에 그어진 지그재그 길을 따라 헐떡거린다. 소 떼가 태연하게 길을 막고 누워 있어도 우리는 어느새 느긋한 버스기사의 태도를 닮아 관대해졌다.

느림은 스쳐 가는 풍경과 함께 우리의 마음을 넉넉하게 만든다. 나는 차창 밖을 내다보며 인간이 만드는 땅의 표정을 읽고 마음을 끌어당기는 풍경을 사진기에 담았다. 경사지의 마을과 초지 바탕(matrix), 그 위에 놓인 숲 조각(patch), 길게 흘러내린 자갈과 물길이 만드는 통로(corridor)를 아주 쉽게 확인할 수 있는 경관이다. 이렇게 풍경은 경관생태학의 학습 현장이다.

지구에서 자연적으로 초지가 유지되는 양상은 두 가지로 나누어진다. 하나는 바다 기운이 미치기에는 아주 먼 지역에 나타나는 초지 또는 초원(grassland)으로 불리는 곳이다. 사막과 숲을 이루는 지역 사이에 나타나는 초지로 아시아와 아프리카, 북미, 오스트레일리아 내륙에 분포되어 있다. 온대초지는 연평균강수량이 250~600mm 범위에 이르는 지역에 나타나고, 열대초지는 건기와 뚜렷하게 구분되는 우기에 집중적으로 내리는 비가 1,200mm 정도 되는 지역을 덮고 있다. 이런 곳에서는 매우 낮은 토양 수분 함유량이 식물 성장과 함께 미생물의 분해과정을 포함하는 생태계 영양소 순환을 제한하는 주요 요인이다.

다른 하나는 북쪽의 북극 바다와 만년설 지대, 남쪽의 아한대림 지대, 그 사이에 있는 툰드라 지역과 높은 고도의 고산툰드라(alpine tundra)라 부르는 초지다. 우리를 태운 버스가 비탈길을 헐떡거리며 올라 선사한 풍경은 바로 고산툰드라에 가깝다. 이곳 초지에서 생물활동을 제한하는 환경요소는 물이 아니라 낮은 온도다.

온도가 떨어지면 덩치 큰 나무는 견디기 힘들어진다. 결국 키가 작고 열악한 환경에서도 더욱 끈질긴 풀들이 승자가 된다. 혹독한 찬바람이 부는 그런 곳에서는 인간들

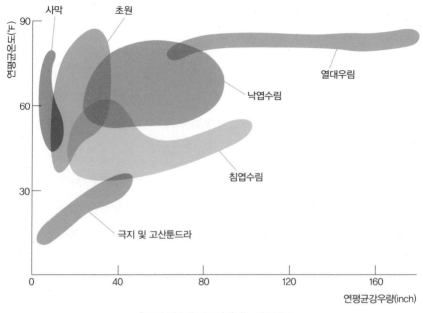

**온도와 강수량으로 결정되는 식물분포**
자료 출처: 이도원 등 2001

도 겨울의 막대한 연료 소비를 감당하지 못해 대체로 피해 가는 법이다. 흔히 수목한계선(tree line)이라 부르는 고도에서 고산툰드라와 경계를 이루는 아래 지역은 바늘잎나무숲이 땅을 덮는다. 이 내용은 터키 답사기에서 구체적으로 소개했다. 거기는 여전히 더 아래 넓은잎나무숲이 나타나는 땅보다 기후가 열악한 편이지만 이 정도의 조건에서는 바늘잎나무숲이 풀을 이겨낼 자신감을 얻는다. 나무들이 한번 정착하고 큰 키를 이용하여 하늘에서 내려오는 햇볕을 먼저 챙기면 키가 작은 풀들이 어떻게 해볼 도리가 없기 때문이다. 나무들이 제대로 자라는 땅에서 풀들은 마치 키다리와 농구시합을 하는 난쟁이처럼 불리한 법이다. 키가 작으면 식물들이 햇빛을 낚아채는 데도 곤란한 상황이 벌어지곤 한다.

그러나 풀보다 나무가 더 유리한 땅에서도 사람이 들어오면 사정이 달라진다. 사람들은 자신들의 욕망에 맞추어 공간을 경영하려 든다. 부드러운 풀을 가꾸며 가축을 키울 요량으로 거친 나무들을 베어낸다. 가축은 사람 편에 서서 연약한 어린나무를 끊임없이 뜯어 먹음으로써 자라지 못하게 한다. 그런 여건에서는 키가 작은 풀들도 햇빛을 얻을 수 있으니 나무들과 견주어볼 만하다. 더구나 풀이 촘촘하게 자라 나무의 씨앗이 땅에 닿지 못하면 나무는 자리조차 잡기 어렵게 된다. 사람들과 초식동물의 등쌀에 키가 큰 어른나무와 함께 어린나무들이 물러나면 그곳은 온통 풀들의 차지가 되니 사람들이 초지라 부른다. 고산툰드라 아래 동네에 나타나는 인공초지는 원래 숲이던 공간에 이렇게 사람과 가축, 풀이 힘을 합쳐 숲을 몰아낸 결과로 탄생한 터이다.

인공초지에서는 세월이 흐르면 사정에 따라 흙도 바뀐다. 유기물이 쌓이는 숲에서는 부식토가 제법 유지되는 반면에 인공초지에서는 그럴 여지가 떨어진다. 인공초지에서는 식물이 광합성으로 생산한 유기물을 부지런한 초식동물과 사람들이 써버리기 때문이다. 초식동물은 풀을 뜯어 뱃속에 넣고 사람들은 건초를 만들어 다른 곳으로 옮긴다. 그러므로 세월이 흐르면 흙에 쌓이는 유기물, 곧 부식질이 자연의 숲보다는 인공초지에서 적어지게 마련이다. 흙의 유기물 함량이 적으면 수분보유능력(water holding capacity)이라 부르는 땅의 '물을 머금는 능력'이 떨어진다. 그 과학적 이치는 토양학의 기본상식이니 우선은 의문으로 남겨놓자.

물을 머금는 능력이 떨어지는 경사진 땅에 비가 내리면 어떻게 될까? 더 많은 빗물이 한꺼번에 경사지를 타고 내리며 힘이 커지고, 그 힘은 흙을 깎아 내린다. 그 힘이 더욱 보태지면 때로 넓은 면적의 산 일부가 허물어져 내리는 사태가 일어나기도 한다. 흔히 토양침식이라고 부르는 미세한 땅의 깎임과 큰 산사태는 흙 알갱이들이 물과 함께 흘러내리며 새로운 풍경을 낳는다. 그 풍경에는 흙이 드러난 경사지의 흔적과 넘실넘실 흙탕물이 일렁거리는 강도 포함된다.

그런 작용을 더욱 부추기는 힘은 사람들의 개발 행위다. 츠바리강의 골재 채취와 경사지의 목축은 이렇게 흙탕물을 일으키는 직접적인 요인이고, 도시에 둥지를 튼 사람들의 삶은 그 요인을 원격으로 조정하는 힘이다. 흙탕물을 일으키는 직접적인 주체는 현장에서 골재를 채취하는 노무자들과 숲을 베어내고 목축을 하는 낙농업자이지만, 간접적인 주체는 도시 사무실에서 돈으로 노무자와 낙농업자들의 활동을 부추기는 사업가들이라고 할까?

이 사업가들의 활동은 모두 저 멀리 도시인의 소비활동과 토지이용을 조절하는 정책이라는 끈으로 이어져 있다. 츠바리강의 수질과 유역의 풍경은 도시의 소비자와 정책입안자, 현지에서 노동을 제공하는 사람들이 함께 그리는 그림인 셈이다. 그런 그림을 이해하는 땅의 얼굴 읽기, 곧 관경(觀景)을 잘 하려면 역시 적절한 훈련이 필요하다.

## 츠바리강의 흙탕물이 숨어든 청정한 호수의 비밀
### - 조지아 강물은 흐리고, 아르메니아 강물은 깨끗한 까닭

길은 계속되어 코카서스산맥을 넘고 카즈베키의 산마루에 있는 삼위일체교회에서 북코카서스의 아름다운 고봉 카즈베크(5,047m) 얼음산을 멀리 바라본 시간은 내 여행의 절정이었다. 돌아오는 길에 잠시 들른 아나우리의 중세 성채에서 바라보는 호수(실상은 인공 저수지)는 청정했다. 큰물은 세상의 온갖 잡동사니를 받아들이고도 의연한 풍모를 견지하는 대인의 모습이다. 나는 그 대인에게 물어본다. "끊임없이 흘러드는 츠바리강 상류의 흙탕물을 품고도 어떻게 때 묻지 않은 표정을 유지할 수 있을까요?" 호수는 말이 없다. "그러면 아침나절에 교회 언덕에서 내려다본, 조지아 고도이며 종교중심지인 츠헤타까지 호수의 하류에 흙탕물이 흐르는 까닭은 무엇인가요?"

위에서 내려다본 저수지의 물은 맑고 그 저수지의 상류와 하류를 흐르는 물은 흙탕물이라면 생각해볼 수 있는 이유는 뻔하다. 저수지 저 아래 깊이 흙탕물이 숨어 있다는 뜻이다. 그러면 위는 맑고 아래는 흐린 물이 나뉘어 있는 셈인데 그렇게 되는 까닭은 뭘까? 자연은 말이 없고, 사람은 추론한다. 추론은 정답에 도달하는 초기 단계일 뿐

아나우리 성채와 저수지 (13일 오후)

확고한 결론은 아니다. 진정한 과학자라면 마땅히 한 발자국 더 나가 추론의 결과를 확인할 수 있는 근거를 찾아야 한다. 그럴듯한 짐작도 때로는 그릇될 수 있는 만큼 확고한 답을 얻기 위해서는 대상을 더욱 깊이 관찰하는 태도가 필요하나 그저 스쳐 가는 사람이라 실천하기 어렵다. 다만 미루어 짐작할 뿐이다. 그러나 지금까지 익힌 바를 동원하여 짜 맞추어보는 추론은 그 자체로 흥미로운 학습 과정이다. 추론을 통한 내 학습의 결과를 소개하는 일은 이 글을 읽는 사람들 또한 한번 짐작할 기회를 주기 위해 잠깐 보류해놓는다.

아제르바이잔에서 일정에 따라 움직여온 나는 강물을 제대로 만나지 못했거나 무심하게 지나쳤던 모양이다. 찍어온 사진을 보니 7월 11일 늦은 점심(오후 2시)을 먹은 식당에 당도하기 전에 멀리서 내려다 봤던 강물은 흐렸다. 12일 오후 조지아에 들어 점심식사를 하고 이동하며 건넜던 강물도 흙탕이었다. 14일 스탈린의 고향 고리를 갔을 때 우리가 만난 강물도 맑지 않았다. 15일 조지아 국경의 소읍 사다클로를 거쳐 아르메니아로 들어서며 다리에서 내려다본 물도 깨끗하지 않았다. 그 강물은 조지아에서 발원하여 아르메니아 쪽으로 흘렀다. 깨끗한 강물을 만난 날은 15일 오후 아르메니아의 높은 산에서 만난 세반호수와 16일 아르메니아 트빌리시의 아침 산보길, 그날 오후에 들른 가르니사원에서 내려다 본 계곡물이다.

무슨 사연으로 내가 만난 아제르바이잔 쉐키 부근의 강물과 조지아의 강물은 온통 흐리고 아르메니아의 강물은 깨끗했을까? 기본적으로 물은 스쳐온 땅의 특성에 따라 달라진다. 따라서 땅과 관련이 있는 유역의 지질학적 특성과 그 안에 사는 사람들의 활동은 물의 성상을 결정하는 작용요소가 된다. 이것은 사람의 특성이 자주 만나는 친구에 의해 좌우되는 것과 비슷하다. 반드시 그런 것은 아니지만 일반적으로 좋은 사람들과 사교하는 사람은 믿을 만하며, 불량배들과 휩쓸려 다니는 사람들은 경계해야 할 대상이다. 비슷하게 우리나라 화강암과 같이 물에 녹는 물질을 많이 포함하지 않는 땅을 스치는 물은 깨끗하고, 석회질 암석과 같이 물질이 쉽게 용탈하는 땅을 지나쳐온 강물은 불순물을 많이 포함한다.

똑같은 지질학적 기반에서 비롯된 땅이라 하더라도 그곳을 흐르는 물은 유역의 토지이용에 따라 수질이 달라진다. 식물이 땅거죽을 잘 보호하면 그만큼 땅의 위와 아래를 스쳐가는 물이 물질을 씻어 내리는 능력이 떨어진다. 그러면 깨끗한 강물을 기대할 수 있다. 사람들이 채광이나 농경, 토목 활동으로 토양이 노출되는 면적을 늘리면 빗물은 더 많은 불순물을 씻어 내려 하류로 운반한다. 유역에 더 많은 사람들이 살면 그만큼 늘어난 활동으로 더 넓은 면적을 더욱 강한 힘으로 이용하게 되는 만큼 그 유역을 흐르는 물의 질이 나빠지기 십상이다.

이런 일반성이 적용된다면 우리가 만났던 깨끗한 물은 불순물의 용탈(leaching)이 비교적 어려운 기반암의 땅이거나 상대적으로 숲이나 초지로 잘 보존된 면적이 넓은 유역을 흘러내린 물일 것이다. 흙탕물은 그 반대의 경우가 흔한 땅을 스친 강에서 봤던 것이리라. 그러나 수질을 결정한 요인이 자연의 조건인지 인간활동인지는 추측으로 결론을 내리기 어려운 만큼 확실한 답은 전문적인 분석이 곁들어질 때 얻어진다.

그럼에도 불구하고 이 정도의 기초지식을 기반으로 볼 때 아제르바이잔과 조지아의 깨끗하지 못한 물은 비교적 넓은 면적의 석회암 지대에 사람의 활동으로 파헤친 면적이 늘어난 데서 기인했을 것으로 추측된다. 특히 군사도로의 흙탕물은 그런 짐작을 뒷받침하는 실제적인 근거를 보여주었다. 스탈린의 고향 고리를 이웃하며 흐르는 강에서는 평지가 넓은 유역의 활발한 농경활동이 뿌연 물을 생산하는 데 한몫할 것이다. 내가 만난 아르메니아의 물은 그런 인간활동의 간섭이 상대적으로 적었던 지역이었을 가능성이 높다. 그럼에도 불구하고 세 나라의 시골 하천은 모두 우리나라와 달리 강둑을 콘크리트로 덮지 않아 보는 마음을 넉넉하게 만들어 좋았다. 그런 상황에서는 풍성하게 자라는 초목과 함께 토양 미생물이 부지런히 오염된 물을 정화하리라 기대해도 좋다.

이제 앞에서 밀쳐놓았던 의문을 챙겨보자. 조지아의 군사도로를 따라 이동하며 만

아제르바이잔 수도 바쿠를 떠나 쉐키를 가기 전에 만났던 강물. 멀리 보이는 강물이 흙빛이다. (11일 이른 오후)

아제르바이잔-조지아 국경을 지나 예레반으로 이동하며 만난 시골 하천. 자갈밭 사이로 흐르는 가는 물길은 흙빛이다. (12일 오후)

스탈린의 고향 조지아의 고리 부근 우플리스치케 바위 동굴 유적지에서 내려다본 강물 (14일 오후)

조지아와 아르메니아 국경 검문소 옆으로 흐르는 강물 (15일 오전)

아르메니아 세반호수 (15일 오후)

트빌리시를 흐르는 강물 (16일 아침)

아르메니아 가르니사원에서 내려다본 계곡 (16일 오후)

났던 저수지 상하류의 물은 흙탕이었는데 정작 저수지 물이 맑은 까닭은 무엇일까? 그것은 상류와 저수지 물의 수온 차이에서 비롯된다. 코카서스산맥 고지에는 눈이 오래 남아 있고 그곳에서 흘러내리는 물은 차다. 찬물은 비중이 높다. 저수지 상층부를 이루는 물은 오래 머무는 동안 햇볕을 받아 수온이 올라가고 비중이 낮은 편이다. 상류에서 흘러드는 물은 높은 비중으로 표면의 물과 섞이지 않고 저수지 아래로 파고든다. 따라서 저수지 상층부에는 부유물질이 적지만 깊은 곳은 흙탕물이 숨어 있고 그 물이 바닥 부분에서부터 흘러내리며 하류가 흙탕물이 되는 것이다. 이러한 이치는 멀리 갈 것도 없이 우리나라의 강원도 소양호에서도 장마가 지난 철이면 확인되는 현상이다. 사실 이 내용은 『흐르는 강물 따라』에서 소개한 적이 있다.


## 바위색을 닮은 도마뱀의 속임수
– 척박한 환경에서도 저마다의 역할이 있다

아제르바이잔의 첫 일정인 고부스탄('바위의 땅'이라는 뜻이라니 스탄은 투르크 언어에서 유래된 듯함)은 긴 역사 속에 묻혀 있는 암각화로 유명하다. 우리는 그 암각화를 보기 위해 그곳에 갔으나 나는 그 유적의 의미를 제대로 읽을 재간이 없다. 오히려 바위를 기어 다니는 도마뱀이 내 눈길을 끌었다. 고부스탄에 도착하기 전부터 우리의 아제르바이잔 여행안내인 발라쉬는 바위 색을 닮은 도마뱀의 위장(camouflage)을 몇 번 강조했다. 위장의 결과인 동물들의 보호색은 너무 많은 사례가 있는 만큼 진부한 측면이 없잖아 있지만 잡아먹으려고 눈을 부라리는 포식자나 또는 잡아먹히지 않기 위해 한시도 긴장을 늦추지 않는 피식자를 속이는 자연의 신비는 여전히 여러 사람의 호기심을 끈다. 끝까지 긴장감을 늦추지 말아야 할 절박한 상황을 드러내는 동물들의 교묘한 기술은 감탄할 만하다. 늘 거기까지만 생각하고 끝나던 내 관심은 이번 답사에서 조금 더 걸음을 내디뎠다.

보호색을 갖추어야 한다는 사실은 그만큼 몸을 드러내지 말아야 하는 사정이 뒤에 있다. 은밀한 곳에 숨어 있어도 되는 여건이라면 굳이 보호색을 만들 필요가 없다. 그러나 살아남기 위해 먹이를 찾아야 하고, 이 때문에 노출되는 공간으로 가는 시간을 감수해야 한다. 그때 자신을 노리는 천적을 피하고 또 먹힐 녀석이 눈치를 채지 못하도록 하는 방안을 동시에 강구해야 한다. 또한 이런 활동에 요구되는 에너지를 충당하기 위해 더 많이 먹어야 한다.

그렇다면 도마뱀의 먹이는 무엇이며 어디에 있는 것인가? 메뚜기와 같은 곤충도 먹이가 될 터인데 그들인들 도마뱀을 피할 여러 가지 전략이 없겠는가? 그들도 몸을 감추거나 재빠르게 달아나는 방식을 터득하여 살아남는 길을 모색할 것이다. 현장에서 식물 사진을 찍기 위해 풀숲을 남보다 많이 헤치며 다닌 황영심 사장이 유난히 많은 메뚜기를 봤다는 이야기를 나중에 했다. 메뚜기들이 사람들이 잡기 쉽지 않을 정도로 재빠르게 움직이는 것으로 내 짐작이 어느 정도 뒷받침된다. 그렇게 살아남는 재주를 가진 존재를 더 재빨리 낚아챌 수 있어야 도마뱀은 굶주림을 면할 수 있다. 이렇게 되면 나는 먹이의 생존 전략부터 제대로 알아봐야 도마뱀의 삶을 좀 더 깊이 이해할 수 있겠다.

고부스탄에서는 도마뱀도 메뚜기도 모두 열악한 환경에 놓여 있는 신세다. 황량한 풍경과 낮에 해가 이글거리면 쉽게 달구어지고 해가 서쪽으로 사라지면 쉽게 식어버리는 차가운 바위에 기대어 살아가는 도마뱀의 삶에는 보호색 이상으로 절박한 생존 전략이 있을 것이다. 발라쉬가 몇 번씩이나 강조했던 말이 있다. "이곳은 일찍이 바다였다. 그래서 땅의 염도가 높다." 높은 소금기의 땅에서 삶을 영위하는 식물은 그다지 많지 않다. 그렇다 보니 고부스탄의 도마뱀과 메뚜기는 땅의 높은 소금기를 견디며 생산을 겨우 유지하는 식물들을 근거로 처절한 삶을 꾸려야 하는 사정을 지녔다.

도마뱀과 메뚜기는 이렇게 변덕스러운 기후와 척박한 토양에 근거를 둔 생태계 안에서 일견 아귀다툼의 잔인성이 두드러지고 사람들에게는 썩 예뻐 보이지 않는 존재들

암각화가 보이는 고부스탄 풍경 (10일 오전)

고부스탄의 도마뱀

고부스탄의 메뚜기. 사진 안에 7마리 정도의 메뚜기가 있다.
황영심 사진

을 위한 근성을 키워야 살아남을 수 있다. 그러나 그들은 그런 황량한 땅을 묵묵히 지켜내며 자신들의 자랑스럽고 고유한 책무를 수행하고 있는 존재다. 그들이 아니면 누가 그 땅을 지킬 수 있겠는가? 그러면 그러한 생태계에서 그들이 맡고 있는 책무는 도대체 뭘까?

황량하고 척박한 땅에서는 역시 미생물들의 활동도 쉽지 않은 만큼 자원의 재순환이 매우 어렵고 그 난해한 문제를 해결하는 길을 얻지 못하면 더욱 황량해질 터이다. 이것은 기업의 자원 순환이 어려워지면 기업 고유의 기능을 유지하기 어려워지는 이치와 비슷하다. 기업에서 재정을 맡은 책임자가 기업의 중요한 자원인 돈의 회전을 위해 각고의 노력을 하는 존재라면 초식동물과 육식동물은 생태계에서 그에 버금가는 일을 하는 구성원이 된다. 아무래도 이에 대해서는 약간의 부연 설명이 필요하다.

생태계의 주요 자원에 해당하는 영양소의 순환은 광합성을 통한 유기물 생산에서 시작하여 그 유기물의 분해로 이어지는 길이다. 광합성으로 유기물은 풀이나 나무에 축적되고 그 식물들을 양과 메뚜기와 같은 초식동물이 뜯어 먹는다. 초식동물은 육식동물에게 잡아먹혀 먹이사슬을 이룬다는 생태학 원리는 이제 상식이다. 우리가 방문한 고부스탄에서 메뚜기를 도마뱀이 먹고 그 도마뱀은 뱀이나 맹금류를 포함하는 육식동물이 노리고 있을 것이다.

뱀을 조심하라는 귀여운 경고 그림과 유유히 하늘을 떠다니는 솔개는 그런 이면을 말없이 보여주고 있는 실증적 자료가 된다. 이 동물들은 똥을 누거나 생을 마감함으로써 몸의 일부 또는 전부를 자연에 되돌려주는 과정을 통해 맡고 있던 유기물을 미생물에게 양도한다. 미생물은 유기물을 분해하여 다시 식물이 광합성에 이용할 수 있는 영양소 형태로 바꿈으로써 순환의 길을 한 바퀴 도는 것이다. 이런 자연의 이치에 근거를 두고 카스피바다가 내려다보이는 고부스탄 암각화 유적지에서 만난 도마뱀 덕분에 내 상상은 날개를 달았다.

# 거친 세상 먹이사슬의 열쇠
## - 누가 주인공이 될 것인가?

지금까지 수년 동안 이루어진 비단길 답사 과정에 만난 초지에서 나는 초식동물에 주목했으나 관심은 주로 몸집이 제법 큰 포유동물에 머물러 있었다. 특히 소나 말이 접근하기 어려운 험악한 지형에서도 풀을 뜯어 먹고 집으로 돌아와 고기와 똥거름을 제공하는 양과 염소의 고마움을 강조했다. 2년 전에 가졌던 터키 답사에서 지형과 초식동물의 역할 차이에 대해 정리한 내용은 그러한 생각을 바탕으로 나온 결과물이다.

이제 도마뱀이 잡아먹는 메뚜기와 같은 초식성 곤충도 양과 염소에 견주어볼 만한 건조지의 중추종이 되겠다는 생각을 해본다. 언뜻 봐서 한 마리 메뚜기는 한 마리의 염소나 양에 비교될 만한 깜냥이 아니다. 그러나 단위 공간 또는 생태계에서 영양소 순환이 한 바퀴 도는 데 걸리는 시간이 생태계에 따라 어떻게 달라지는지를 질문해보면 사정이 달라진다. 여유롭게 풀을 뜯는 양들과 달리 떼를 지어 풀밭을 사정없이 먹어치우는 아프리카 초원의 메뚜기들을 상상해보라. 이를테면 염소와 메뚜기들이 같은 넓이의 공간에서 같은 시간 안에 먹어치우는 식물의 양은 어느 쪽이 더 많을까? 마찬가지로 수많은 메뚜기들과 소나 낙타, 양, 염소들이 같은 면적 같은 시간에 사체로 변하는 양을 비교하면 어떻게 될까?

생태계에서 일어나는 영양소 순환의 속도는 단위 면적의 공간에서 일정 기간(예를 들면 1년 단위)에 일차생산자라고 부르는 식물이 얼마나 많은 광합성을 하고, 동물들이 얼마나 많이 먹고, 식물과 동물의 주검과 배설물이 얼마나 많이 미생물에게 내맡겨지는가에 따라 달라진다.

단위 면적의 공간에서 일정 기간 일어난 광합성의 양으로 정의되는 일차생산성은 온도와 물 공급, 토양의 비옥도가 결정한다. 우선 편의상 온도와 토양 비옥도가 적절하다면 물 공급량에 따라 일차생산성은 좌우된다. 이렇게 보면 이번 답사 길에서 만난 숲

맹금류 박찬열 사진

고부스탄의 뱀 경고 그림 김동영 사진

과 초지, 건조지에 가까운 고부스탄의 순으로 일차생산성의 크기 등급이 매겨질 것이라 예상할 수 있다.

숲과 초지, 건조지의 생산성을 모두 100으로 했을 때 그중에서 초식동물이 먹는 양의 비중은 어떤 순서가 될까? 학문적으로 검증한 자료는 없지만 대략 일차생산성의 역순이라 보면 된다. 신기하게 토양 수분 함량이 많을수록 낙엽이나 죽은 초목은 많고, 그것을 분해하는 미생물 활성도는 높은 반면에 초식동물이 챙기는 살아 있는 먹을거리는 상대적으로 적은 것이 자연 현상이다. 반면에 건조한 조건에서는 미생물 활동이 미약하여 유기물의 분해가 더디고, 그 결과 느려지는 영양소 순환과 이용도로 식물의 생산성이 떨어진다. 이 문제를 해결하는 하나의 적응방식으로 동물의 활동이 왕성하다. 게으름뱅이 미생물을 낳는 땅과 날씨에서 동물들이 영양소 순환을 돌리는 역할을 맡았다고 할까?

이미 밝혀진 생태학적 근거와 상상으로 끌어낸 추론이 바르다면, 고부스탄에서는 소금기가 누적된 땅의 척박함과 사시사철 부는 메마른 바람이 야기하는 건조가 동물의 활동량을 높인다. 한곳에서 많은 먹이를 얻을 수 없는 초식동물은 넓은 땅을 부지런히 돌아다녀야 배를 채울 수 있고, 그 녀석들을 잡아먹으며 생존하는 육식동물 또한 넓게 돌아다니며 먹잇감을 낚아채는 재주도 익혀야 하는 법이다. 빈약한 땅은 재빠른 동물들의 활동을 낳고 그 활동은 빠른 영양소 순환을 만들어낸다. 빠른 동물의 활동으로 땅의 척박성이 어느 정도 보상되는 셈이다. 이것은 마치 자본이 적은 소규모 기업이 빠른 자본회전율로 살아남는 전략을 선택하는 이치와 비슷하다.

대사회전율(turnover rate)이라고 부르는 생태계의 영양소 순환속도는 식물에 의해 흡수된 전체 영양소가 광합성에 이용된 다음 분해되어 다시 무기물 상태로 되돌아가는 데 걸리는 시간의 역수가 된다. 이를테면 5톤의 물이 가득 든 수조에 1시간 동안 1톤의 물이 들어오고 나간다면 물이 완전히 바뀌는 데 걸리는 시간은 5시간이 되고, 그 역수가 1/5이 된다고 간주해보자. 생태계에 영양소가 5톤이 있고, 1년 동안 광합성에

1톤이 이용되고 또 분해된다면 대사회전율은 1/5톤/년, 즉 연간 1/5톤이 바뀐다는 계산이 나온다.

이렇게 되면 고부스탄의 생태계에서는 생명체들이 어우러져 비교적 높은 대사회전율로 열악한 환경에 적응할 가능성이 있다. 그곳에는 몸집이 작지만 수없이 많은 초식동물(이를테면 메뚜기)과 도마뱀을 포함하는 육식동물들이 있다. 그들이 재빠르게 몸을 움직여 연출하는 먹고 먹히는 과정의 역동성은 지역 생태계의 대사회전율을 높이는 한 가지 현상인 것이다. 빠름은 느림보다 상대적으로 더 많은 양의 에너지를 소비해야 하는 만큼 왕성한 대사과정의 뒷받침으로 이루어진다.

왕성한 대사과정은 영양소로 구성된 효소와 다른 물질의 활용으로 이루어진다. 효소를 구성하는 단백질, 그 단백질 합성의 단위가 되는 아미노산, 단백질 합성의 틀이 되는 유전자(DNA)의 구성분이 어떤 원소들로 이루어져 있는지 수능 준비를 하며 외운 내용을 한번 상기해보자. 탄수화물과 달리 단백질과 핵산에는 반드시 질소가 들어 있다. 고부스탄의 척박함은 바로 식물이 이용할 수 있는 질소를 얻고 유지하기 어려운 여건을 말한다. 그 여건은 대부분 질소고정 미생물의 활동을 저해하는 소금기와 건조 때문에 생긴다.

고부스탄의 풍경 안에서 먹힐 숙명을 지닌 자의 생존 전략은 대략 세 가지로 구분할 수 있다. 잡히기 전에 재빠르게 달아나거나 위장으로 노리는 자(포식자)와 먹힐 녀석(피식자)의 눈을 속이는 것, 또는 두 가지를 모두 갖춘 경우다. 달아나기는 예리한 감각과 순식간에 작동하는 근육의 움직임으로, 속이기는 꾸준히 준비한 몸이 있어야 가능하다. 전자는 충분히 축적한 에너지를 순식간에 뿜어낼 수 있는 대사활동 장치를 지녀야 하고, 후자는 공을 들여 조금씩 에너지를 소비하며 노리는 자를 속이기 위해 자신의 외모를 가꾸는 장치를 갖추어야 한다. 자연에는 우리가 고부스탄에서 만난 메뚜기나 도마뱀처럼 속임수와 재빠른 몸짓을 함께 갖춘 생물이 있는가 하면 애벌레처럼 눈속임만으로 무장한 느림보 생물도 있다. 속임수 전략은 완전히 버리고 빠른 몸만으로 살아가는 생물들도 있는데 예시는 숙제로 남겨둔다. 어떤 사람과 어떤 동물이 뒤로 물러서지 않고 당당하게 자신을 드러내는지 생각해보라.

긴 진화 속에서 세 가지 대안이 선택된다면 그것들을 선택하는 자연의 이치는 무엇일까? 전문성을 갖추어 한 가지 전략에 집중할 것인가 두루 갖추어 어디서나 나설 것인가? 후자가 대견하지만 그러자면 엄청나게 많은 에너지(사람이라면 에너지 넘치는 열정)를 투자하는 반대급부를 지불해야 한다. 누구나 그런 재주를 유지하긴 쉽지 않다. 그런데 나는 고부스탄에서 그 열정을 만난 셈이다. 메뚜기도 도마뱀도 눈속임의 색깔과 함께 민첩성을 가꾸는 전략을 선택한 것이다. 자연의 어떤 조건이 그런 선택을 낳은 것일까? 대체로 안정된 환경에서는 전문가가 유리하고, 변화무쌍한 환경에서는 이것저것 가리지 않고 해결할 수 있는 재주를 갖춘 이가 살아남기 유리한 법인데 고부스탄은 후자의 환경을 지닌 생태계라는 뜻일까?

이번 답사는 '식물 – 메뚜기 – 도마뱀 – 뱀 – 맹금류'로 이어지는 먹이사슬의 생태학적 의미에 대해 상상을 펼쳐가는 시간을 안겨주었다. 그 과정이 자연 여건과 상관없이 그저 우연히 일어나고 있다는 주장과 그런 과정이 자연에 의해 선택된 것은 나름대로 까닭이 있다는 주장이 있다면, 나는 후자에 무게를 두는 사람이다. 생명이 탄생 이후 수억 년 동안 끊임없이 이어지는 자연의 길에서 나름의 기여를 못한다면 존속이 어렵다는 견해라고 할까?

다윈의 '자연선택'이라는 용어 뒷면에는 자연의 의지가 작용한 것은 아니지만 수없이 많은 자연과정이 돌연변이를 기반으로 생기고 어떤 과정은 금방 사라지는 자연도태의 수모를 겪었으며, 일부 과정은 선택되어 지금도 연출되고 있지만 미래의 자연 변화로 사라질 수 있다는 암시도 들어 있다. 그렇다면 지금 유지되고 있는 먹이사슬에 참여하는 생물들과 그들이 어우러져 자아내는 작동은 전체로서의 자연 또는 생태계에 어떤 기여를 하고 있을까? 이번 답사에서 내가 생각해본 한 가지를 소개한다.

먹이사슬에 참여하는 모든 동물들은 에너지 대사과정을 통해서 끊임없이 탄소를 이산화탄소 형태로 날려 보낸다. 오늘 아침으로 먹은 음식에 탄소 100개, 질소 2개가 있었다면 우리의 호흡은 탄소를 기체 형태로 바꾸는 과정의 일부도 된다. 여기서 편의상 질소라는 특정 영양원소를 보기로 들지만 황이나 인과 같은 다른 필수영양원소에 대해서도 같은 이치가 적용된다. 그렇다면 호흡으로 이산화탄소를 몸 밖으로 밀어내는 대사과정은 먹이의 탄소:질소(탄질비)를 100:2보다 점점 작게 하는 결과를 낳는다. 이 표현을 조금 일반화하면 탄소물질을 소비하는 대사과정은 먹이의 탄질비 값을 원래보다 작은 값으로 바꾼다는 뜻이다. 물이 증발하면 농축되어 함유된 물질의 농도가 높아지는 것과 비슷하다. 이렇게 보면 먹이사슬을 따라 뒤로 갈수록 몸을 구성하는 물질의 탄질비가 낮아질 가능성이 있다. 탄질비가 낮아진다는 건 무슨 의미일까?

최후의 분해자인 곰팡이와 박테리아는 탄질비가 자기 몸과 비슷한 물질을 쉽게 분해한다. 탄질비가 자기 몸의 살과 크게 다르지 않은 물질을 동화하는 데 훨씬 더 적은 노력이 필요하다는 뜻이다. 이를테면 탄질비가 500보다 높으면 매우 분해하기 어려운데 그런 물질을 난분해성 물질이라 부른다. 난분해성 물질은 동화가 어려워 특화된 미생물을 제외하고는 활용을 잘 못하기 때문이다. 대체로 억센 식물들은 탄질비가 100보다 높아(표 1) 분해자들이 다루기 어려운 물질이다. 이 물질이 먹이사슬에 따라 탄질비를 점점 낮추고, 분해자와 비슷한 수준으로 만들어준다면 분해가 빨라질 수 있다. 따라서 먹이사슬은 탄질비를 낮춰 분해속도를 높이고 생태계 수준의 대사회전율을 높이는 데 기여하는 과정이기도 하다.

이런 이치는 지금까지 생태학 교과서에서 본 적이 없고 순전히 이번 답사에서 내가 상상해본 가설이다. 이제 내가 끌어낸 가설을 검증해보기 위해 위의 표에서 먹이사슬을 따라 구분되는 동물들의 탄질비를 챙겨 넣어볼 필요가 생겼다. 이렇게 하려면 약간 복잡해지는 문제가 있다. 그것은 동물 부위마다 탄소/질소 비의 차이가 있을 터라 비교의 기준이 필요하다. 내 가설을 검정하기 위해서 공통적인 부위를 비교할 것인지 전체 평균값을 비교할 것인지 고민해봐야겠다.

## 유기물질의 탄질비

| 생물과 물질 | 탄질비 | 참고문헌 |
|---|---|---|
| 토양 박테리아 | 5 | Killham 1994 |
| 토양 곰팡이 | 15 | Killham 1994 |
| 메뚜기 | ? | |
| 도마뱀 | ? | |
| 뱀 | ? | |
| 솔개 | ? | |
| 토양 유기물 | 10~12 | Pierzynske 등 1994 |
| 콩과식물, 퇴비 | 20~30 | Brady와 Weil 2002 |
| 낙엽(넓은잎나무) | 30~60 | Yoo 등 2001 |
| 짚* | 100~150 | Killham 1994 |
| 톱밥 | 400 | Brady와 Weil 2002 |
| 바늘잎나무 목질부 | 500 | Waring과 Running 1998 |

*여기서는 밀짚을 대상으로 했기 때문에 초지의 벼과식물은 약간의 차이가 있겠지만 비슷한 값을 가질 것으로 예상된다. 참고문헌의 출처는 다음 책(자료 출처)에 포함되어 있다.
자료 출처: 이도원. 2004. 전통 마을 경관 요소의 생태적 의미. 서울대학교출판부

여기까지 생각해보니 토양이 척박한 땅에서는 질소(또는 인, 칼륨)와 같은 필수영양소를 구하기 어려워 식물의 탄질비가 높은 특성이 있겠다. 구하기 어려운 질소를 재활용하며 탄소동화작용(광합성)을 함으로써 탄소함량이 높은 물질을 생산할 것이기 때문이다. 그러면 광합성과 분해가 계속 될수록 탄질비가 높은 물질은 분해가 어려워 재생산에 사용할 질소 이용도가 점점 낮아지는 양의 되먹임이 생긴다. 이 문제를 극복하자면 그런 생태계에서는 유기물 분해를 촉진하는 과정이나 그 과정을 갖춘 생물이 선택되어야 한다. 그리하여 열악한 환경에서 더 긴 먹이사슬 또는 구성생물의 활발한 호흡에 의한 빠른 탄소 소비로 탄질비를 낮추는 생물이 선택될 가능성이 있다.

반대로 물이 넉넉하여 생산성과 생물활동이 높은 땅에서는 먹이사슬의 길이가 짧아지거나 느린 호흡이 주로 일어날까? 그것은 선뜻 동의하기 어렵다. 경우에 따라 왕

몽골 초원에서 찍은 소와 말, 양 또는 염소 똥

**사람과 닭, 돼지, 양, 소, 말 분변의 탄질비 비교**

| 물질 | 질소함량(%) | 탄질비 |
|---|---|---|
| 오줌 | 15~18 | 0.8 |
| 인분 | 5~7 | 5~10 |
| 닭 똥거름 | 8 | 6~15 |
| 농가 퇴비 | 2.25 | 14 |
| 돼지 똥거름 | 3.1 | 14 |
| 양 똥거름 | 2.7 | 16 |
| 소 똥거름 | 2.4 | 19 |
| 말 똥거름 | 1.6 | 25~30 |

여러 자료를 참고하여 편집. 박찬열 제공

성한 생산은 오히려 유기물질의 빠른 소비를 자극하며 먹이사슬이 길어질 가능성도 있다. 이런 모순 때문에 식물의 생산성을 좌우하는 물 풍부도의 양극단(지나치게 많거나 지나치게 적은 곳)에서 분해에 의한 질소 농도 증대와 유기물 소비에 의한 먹이사슬 길이 증대라는 두 힘 중에서 어느 쪽이 더 우세하게 작용하는지 검토해볼 필요가 있다.

그리하여 나는 토양의 물 이용도와 비옥도, 생산성, 연출되는 먹이사슬의 길이나 구성생물의 탄소 소비 또는 호흡 속도에 모종의 관계가 있을 것이라는 또 하나의 가설을 제안한다. 이 가설의 검정은 또한 이색적인 자연을 경험하는 생태학자에게 맡겨진 새로운 과제가 된다. 내 오랜 답사 동료인 동물생태학자 박찬열 박사가 자료와 의견을 보태주고 몽골 유학생과 내몽골에서 사막화 방지사업을 하고 있는 지기의 정보를 고려하여 아래와 같이 정리해보았다.

식물의 잎도 성장 시기별로 탄질비가 어느 정도 다르고 동물은 부위별로 탄질비의 차이가 크다. 그래서 사람과 닭, 돼지, 양, 소, 말 분변의 일반적인 탄질비를 찾아봤다. 대체로 잡식성인 사람과 닭, 돼지는 탄질비가 낮고 초식성인 양과 소, 말은 탄질비가 높다. 탄질비만 고려하면 말똥의 열효율이 높을 것으로 보인다. 그러나 말똥은 잘 부스러지는 특성으로 다루기 불편한 까닭에 몽골 유목민들은 비교적 원형을 잘 유지하는 소똥을 취사용으로 즐겨 쓰고, 우리에서 모은 양과 염소 똥은 겨울 숙소의 연료로 사용한다(몽골 유학생 쿨란의 정보). 결과적으로 유목민들은 초식동물을 활용하는 목축과 똥의 연소로 초원 생태계 구성요소들의 탄질비를 낮추는 역할도 하고 있는 셈이다.

한편 생태계를 구성하는 생물·비생물 요소의 탄질비 연속성을 그렸을 때 급격한 차이가 난다면 물질 흐름에 문제가 있을 듯하다. 질소 부족 또는 과잉이 나타날 것이다. 초식성 동물이 거의 없고, 육식성과 잡식성 사람이 주를 이루는 도시 생태계에서는 질소과잉 문제를 해결하는 일에 많은 비용을 치른다. 반면에 다양한 탄질비의 구성요소를 갖추고 있는 농경 생태계와 자연 생태계에서는 원만한 순환성을 보인다. 인간사회의 구성원 중에서 어려운 일을 빠르게 처리하는 사람과 느림이 필요한 일을 지긋하게 처리하는 사람이 함께 있을 경우, 기능 다양성으로 일처리가 원만하겠다는 생각도 든다.


앞서 설명의 편의를 위해 들었던 자본회전율 비유는 내게 새로운 추론을 안긴다. 이것은 답사 현장에서 생각했던 내용이 아니라 글쓰기를 하는 과정에서 얻은 산물이다. 모든 회사가 그렇겠지만 특히 자본금이 적은 쪽은 사원을 뽑을 때 자본회전율 촉진에 기여하는 자질을 가진 사람을 적극적으로 또는 은연중에 선호할 가능성이 크다. 현실에서 자본회전율이 높은 회사가 경쟁 속에서 살아남을 확률이 높기 때문이다. 직원 선발이 개체 수준의 경쟁과 기업의 선택이라면 기업의 생존 여부는 기업 생태계 수준에서 일어나는 경쟁과 사회의 선택이다.

그런 비유로 나는 같은 자연 조건에서도 다른 생태계가 선택되는 힘이 작용하고 있을 것이라고 보는 사람이다. 그러나 많은 서양 생태학자들은 생태계는 생물 개체들의 활동으로 생긴 결과이지 거기에 더 높은 수준의 선택압(selection pressure)이 작용한다고 보지 않는다. 그들은 오랫동안 선택은 종의 모임인 개체군 수준에 작용할 뿐이라 다른 종으로 이루어진 생물 집단에 작용하는 선택(group selection)이 있을 것이라고 주장하면 진화를 몰라서 그런다고 일축했다. 대표적인 사람들이 이기적인 유전자를 주장한 리처드 도킨스(Richard Dawkins)와 사회생물학을 창시한 하버드대학교 에드워드 윌슨이다.

최근에 출간된 『지구의 정복자』에서 윌슨은 만년에 집단선택에 대한 유연성을 보이고 있으나 생태계 수준의 선택에 대해서는 어떤 반응을 보일지 모르겠다. 아마도 택도 없는 소리라고 말할 가능성이 크다. 그러나 나는 이기적 유전자와 생태계로 이어지는 생물조직의 위계에서 어느 하나의 위계 수준에 선택압이 작용하는 것이 아니고 상위 수준으로 갈수록 약해지는 경향이 있다는 논리를 『흐르는 강물 따라』에서 소개한적이 있다. 이 생각을 구체적인 자료를 모아 학술적인 논문으로 발전시키지 못한 것은 내 게으름과 부족함의 탓이다.


# 여행길의 길섶을 보며 생각을 정리하다
- 길섶을 바라보는 생태학적 시각

어느 나라를 가든 늘 눈여겨보는 대상은 길섶과 중앙분리대이다. 길섶과 중앙분리대에 눈길을 보내는 내 버릇은 무척 오래되어 이제 새로운 시각을 얻기 위해서라도 벗어나고 싶다. 그러나 미망의 세계에서 깨어나야 새로운 세계로 다가갈 수 있다는 단순한 이치를 알면서도 여태껏 떨치지 못하고 있는 버릇이다. 다행히 이번 여행에서 짧은 기간 동안 세 나라를 돌며 마음에 드는 길섶의 녹지를 여럿 보았으니 이제 여기서 한 매듭짓는 계기가 되길 바란다.

부지런히 길섶을 살핀 까닭은 이렇다. 대략 20년 전부터 배운 식생완충대를 중심으로 몇 가지 자연의 이치로 도로 주변의 풀숲이 차도보다 낮은 것이 바람직하겠다는 생각을 했다. 그러나 스스로 만든 실증적 뒷받침이 충분하지 않아 말을 아꼈다. 2001년에 『경관생태학』을 내면서 관행적인 도로와 개선 방향을 갖춘 도로의 단면도를 비교하며 길섶과 중앙분리대를 차도보다 낮추는 것이 바람직하다는 주장을 처음 그림으로 표현했다. 그러나 실무와 다른 공부를 하는 사람이 예산 분배에 영향을 주는 제안을 한 까닭인지 그다지 변화를 이끌어내지 못했다. 그런데 우리나라를 제외한 거의 모든 곳에서 이미 반영되고 있는 모습을 특히 비단길 여행을 하며 확인했다. 물론 모든 곳에서 그래야 하는 것은 아니지만 흥미롭게도 사진에서 보면 마지막 도시 지역을 뺀 나머지 시골 도로의 길섶은 모두 차도보다 낮다.

이런 구조 차이가 도시 환경 개선에 기여할 효과를 소개하면 다음과 같다. 첫째, 포장도로에서 빗물이 스며들지 못하고 낮은 길섶으로 흐르면 침투될 여지가 크다. 대조적으로 길섶이 차도보다 높으면 지하로 스며드는 물이 그만큼 적어지고, 하천으로 곧장 흘러가면서 비가 올 때 그만큼 홍수가 일어날 가능성이 높아진다. 둘째, 도로에는 차량에서 배출된 매연과 흙먼지와 사람들이나 동물이 쏟은 오물이 있고, 이 물질들은 빗물이 씻어 내린다. 그 빗물이 낮은 길섶으로 흘러들면 오염물질이 풀밭에서 걸러지고 토양미생물에 의해 분해되는 양이 늘어난다. 녹지를 거친 물이 거치지 못하는 물보다 더 깨끗하다는 뜻이다. 셋째, 낮은 곳은 상대적으로 오랫동안 토양 수분이 유지되고 식물이 이용할 수 있는 양이 늘어난다.

11일 오전 바쿠-쉐키 이동 과정에 찍은 사진을 보면 두 소년 뒤로 풀이 낮은 곳을

11일 오전 바쿠—쉐키

11일 오후 바쿠—쉐키

12일 오전 쉐키—국경

13일 오전 군사도로

14일 오후 트빌리시—고리

14일 오후 트빌리시—고리

14일 오후 고리 20km 전

14일 오후 고리–우플리스치케 동굴

14일 오후 고리–트빌리시

15일 오전 트빌리시–국경

15일 오후 세반호수 부근

16일 오전 아라라트 가는 길

17일 오후 예레반

따라 녹색이 짙다. 이와 비슷한 현상은 2년 전 다녀왔던 몽골에서도 확인했다. 하르호린에서 울란바토르로 돌아오는 길에 구멍 난 타이어를 교체하던 길가의 낮은 수로도 이웃한 땅보다 더 짙푸르고 싱싱한 기운을 보였다(몽골 답사기 참고). 그곳의 식물들이 싱싱한 까닭은 넉넉한 토양 수분 덕분이다. 그곳은 이웃한 차도보다 낮고 골이 팬 곳이다. 일부 사진에서 보이는 길가에서 풀을 뜯고 있는 소나 염소, 양의 모습은 낮은 길섶이 우리에게 베풀 수 있는 네번째 이로운 기능을 나타내고 있다.

그 기능을 설명하면 이렇다. 사진에서 도로의 오물은 빗물에 씻겨 길섶으로 옮겨져 미생물에 의해 분해되면 식물이 이용할 수 있는 영양소가 되고, 그 영양소를 흡수하며 자란 식물은 가축의 먹이가 될 것이다. 이것은 도로에 쌓인 오물이 빗물에 씻겨 길섶의 식물로 전달됨으로써 소나 염소, 양고기라는 자원으로 전환되는 과정이다. 길섶의 높이가 차도보다 높으면 그런 효과는 당연히 줄어들 것이다.

신통하게도 우리나라 시골 도로에서 가끔 길섶이 도로보다 낮은 곳이 있다. 그러나 많은 곳에서 도로와 길섶 사이를 높은 경계석으로 막아 물이 풀밭으로 흐르지 못하고 특정한 배수구로 빠져나가도록 해놓았다. 아마도 이러한 조치는 바라지 않는 곳에 물길이 파이는 피해를 줄이려는 의도에서 나온 것으로 보인다. 그렇게 되면 위에서 소개하는 효과는 얻을 수 없다.

초청 강의를 하는 기회에 이런 사실을 언급했다가 한 청중으로부터 나는 뜻밖의 반응을 들었다. "군이 차도와 길섶 사이에 필요 이상으로 과도한 경계석을 둔 것은 예산이 남아서 그럴 겁니다." 당연히 경계선을 추가하자면 도로 공사를 위해 더 많은 사업비를 써야 하고, 사업집행 책임자와 사업자는 유형 또는 무형의 이득을 얻을 수 있다. 그리하여 필요 이상으로 챙긴 예산을 확보하고 집행하겠다는 공무원의 의지가 작용하여 부자연스러운 풍경을 만들었다는 뜻이다. 설마 그러기까지야 할까? 오히려 내게는 늘 그렇게 해왔듯이 그저 바꿀 생각을 해보지 않는 오래된 관행으로 보인다.

제주도 성판악에서 서귀포까지의 516도로에는 한때 길섶의 경계석이 없었는데 최

터키의 중앙분리대

만주의 중앙분리대 (2010년 10월 25일 창춘에서 옌지 가는 길)

근에 추가했다. 현지인에게 물어보니, 차량이 길섶 바깥으로 나가는 일이 잦고 인명사고까지 이어져 피해를 막기 위한 조처였다고 한다. 그렇다면 경계석 아래로 물이 흘러나갈 수 있도록 하거나 방책을 곁들여 사고를 줄일 수도 있다(박찬열 의견). 터키와 중국에서는 중앙분리대와 갓길에 방책을 많이 볼 수 있다. 사실은 우리나라에서도 흔히 쓰는 예방책이다. 아마도 비용이 문제가 아닐까?

중앙분리대와 길섶을 낮추는 것이 건조기후에서 더 절실하겠다는 생각을 해보았으나 터키와 만주에서도 다르지 않았다. 오히려 더욱 다양한 형식으로 꾸몄다. 중앙분리대를 잔디로 덮기도 했고, 때로는 긴 숲띠를 곁들이고 있었다. 중앙분리대 녹지에는 초본식물뿐만 아니라 때로는 떨기나무도 있고, 때로는 키가 작은 떨기나무를 심거나 전나무속(Abies) 또는 가문비나무속(Picea)으로 보이는 큰키나무도 보였다. 두 나라 모두 중앙분리대가 차도보다 낮은 곳에는 맞은쪽의 차량이 넘지 못하도록 추가적인 방책을 강구해놓았다.

우리 풍경과 눈에 띄게 다른 한 가지 현상은 많은 가로수 아래에 하얀 물질을 칠해둔 것이다. 이 모습은 오래 전 중국에 처음 갔을 때 목격했던 것으로 까닭에 대해 아직 분명한 답을 확인하지는 못했다. 땅에서 나무로 기어오르는 해충을 방지하기 위한 방식이라고 했으나 과학적인 근거는 살펴보지 못했다. 어둠 속에서 차도의 경계에 서 있는 가로수의 하얀 빛은 상대적으로 쉽게 눈에 띄는 법이라 운전자들이 조심하도록 하는 방식이라고 대답하는 이도 있었다. 그러나 실질적인 효과가 어느 정도이고, 중국과 코카서스의 나라들에서 그런 의도로 가로수 줄기 아랫부분에 하얀 물질을 도포하는지는 아직 불분명하다. 아제르바이잔의 안내인 발라쉬에게 까닭을 물어보니 의외로 그저 장식용이고 지면으로부터 높이 80cm까지 칠한다고 대답한다.

현장에서는 의문을 가지지만 바쁜 일상으로 돌아오면 쉽게 잊어버리는 이 사항을 드디어 알 만한 지기들에게 물어봤다. 중국에서는 물과 생석회, 유황가루, 소금을 40:10:1:0.5 비율로 섞어 사용한다. 겨울철 가로수의 추위와 해충을 막기 위한 작업으로 매년 10월 하순부터 11월 중순 사이에 1.2m 높이로 칠한다. 동국대 오충현 교수는 우리도 강한 햇빛으로 껍질이 약한 나무줄기가 상하고 2차 감염으로 이어지는 피해를 줄이기 위해 석회유라고 부르는 이 물질을 사용한다는 이야길 들려주었다. 기후 조건과 나무의 종류, 예산 사정에 따라 나라마다 조경수 관리하는 방식과 물질에 어느 정도의 차이가 있다는 뜻이다.

## 비단길 답사를 마무리하며
### - 풍경이 던지는 생태학적 상상

먼저 강물의 수질과 유역의 토지이용 사이에 밀접한 관계가 있다는 비교적 잘 알려진 사실을 답사에서 만난 풍경과 연결하는 이야기로 엮어봤다. 특별한 독창성이 있다기보다는 아는 만큼 현지 풍경을 해석하는 정도의 내용이다. 두번째 먹이사슬과 분뇨 편은 돌아와 숙제를 해야 한다는 부담이 안겨준 선물이다. 책상에 앉아 생각을 가다듬던 과정에 생긴 추론이라는 뜻이다. 두 가지 모두 나름대로 논거를 밝히고 있지만 전자는 검증된 내용을 현지 풍경에 맞추어 엮어본 것이고, 후자는 아직 자신 있게 말할 수준은 아니지만 내 독자적인 아이디어가 들어있어 검증을 기다리는 새로운 연구거리라 도리어 애착이 간다. 마지막 길섶의 생태학 편은 미완성의 글이지만 여행 내내 관심을 가지고 고민했던 내용이라 덧붙였다.

2004년 여름에 시작하여 연례행사처럼 실행한 비단길 여행에서 나는 비교적 기록에 성실한 편이었다. 여행을 하는 동안 현지에서 부지런히 사진을 찍고, 들은 이야기와 일상을 벗어난 덕분에 내 머릿속을 시나브로 찾아오는 새로운 착상을 수첩에 메모한 뒤, 다음 날 이른 새벽에 일어나 대략적인 자료를 컴퓨터에 입력했다. 돌아와서는 비교적 자유로운 방학을 이용하여 기억이 마르기 전에 챙겨놓는 한 주일 정도의 작업으로 대강의 여행기를 마무리할 수 있었다.

그러나 마무리 단계에 접어든 이번 여행에서는 현지의 입력 작업도, 방학을 이용하여 돌아오는 대로 정리하던 작업도 실행하지 못했다. 버릇처럼 이루어졌던 두 과정이 모두 중단된 까닭은 나의 사적 · 공적 삶의 변화에서 비롯된 것이다. 현지에선 지난날과 달라진 미묘한 상황으로 기록을 위한 시간과 마음을 챙기지 못했고, 돌아와서는 책상에 앉아 여유를 가지는 사정이 허락되지 않았다. 아무래도 나이와 함께 조금은 퇴색한 기억력으로 인해 여행이 안겨준 인상을 깔끔하게 담지 못한 탓도 있는 듯하다.

어쨌거나 비교적 풍부한 기억 속에 미주알고주알 일기를 쓰듯이 챙겨놓고, 나중에 자연스러운 흐름을 찾아 내용의 일부를 잘라내던 답사기 정리 방식이 이제 더 이상 내게는 적용되지 않는다. 현지의 생생한 기억을 기반으로 하루하루 챙겨두던 기록과 찍어온 사진을 대비하며 정리를 하다보면 되살아나던 기억도 기대기 어려워진 만큼 코카서스 3국 답사기의 성격은 이전의 글들과 사뭇 다르다.

이렇게 여러 사람들과 함께 다니던 비단길 답사가 마무리되었다. 함께 가는 일행에 따라 여행의 분위기도 달랐고, 시간과 함께 내 기록 방식도 달라졌다. 훗날 혼자 또는 소수 인원으로 아주 천천히 비단길 답사를 해보기 위한 예비답사로 간주했던 내 여정을 이쯤에서 끝내고 다음 단계로 가기 위해 답사 분위기와 기록의 성격이 새로워진 것일지도 모른다는 생각을 해본다.

# 다채로운 풍경의 땅

## 터키

이스탄불

트라브존

차낙칼레

앙카라

터키

에르주룸

카파도키아

말라티아

쿠사다시

파묵칼레

니데

콘야

아다나

넴루트산

안타키아

이라크

시리아

터키

여행 경로

이스탄불, 트라브존, 에르주룸(2009년 7월 11일) – 말라티아, 넴루트(12일) –
넴루트산, 안타키아, 아다나(13일) – 니데, 카이세리, 카파도키아(14~15일)
– 카파도키아, 보아즈칼레, 앙카라(16일) – 콘야(17일) – 파묵칼레(18일) –
에페소(19일) – 쿠사다시, 버가모, 아이발릭(20일) – 차낙칼레, 이스탄불(21일)

여름방학이 시작되고 내일 떠날 터키 답사 준비를 한다. 우선 도서관에서 찾은 몇 권의 터키 관련 책들을 들춰본다. 그러나 눈을 통과한 내용들이 기억 안에 들어오지 못하고 그냥 지나간다. 밀린 일거리가 떠오르는 탓이다. 읽는 행위는 하는데 읽은 마음은 지나간 학기에서 아직 헤어나지 못하고 있다.

한국의 독자들에게 비교적 호평을 받았을 뿐만 아니라 동료교수의 추천까지 있는 오르한 파묵의 『이스탄불』을 읽는 마음은 곤혹스럽다. 노벨상 수상작가의 글이라 하더라도 지금의 내 취향에 맞지 않다. 책 전반을 관통하고 있는 음울한 분위기는 스산한 느낌을 자아내고, 미주알고주알 미세한 묘사는 따분하다. 여행을 떠나기 전에 챙기고 마무리해야 할 여러 가지 일로 그런 글을 읽기에는 마음의 여유가 없는 탓일까?

5년 전 비단길 답사를 처음 시작하며 읽은 책을 다시 펼쳐본다. 베르나르 올리비에의 『나는 걷는다』1권 한 귀절에서 잠시 눈이 머문다. 프랑스인 여행자가 터키 현지인과 만난 경험을 간략히 기술한 부분이다. 터키가 아시아 쪽으로 조금 기운 듯한 내용이 반갑다.

그는 내 직업에는 관심이 없었다. 그가 궁금해 하는 것은 내 가족과 내가 사는 곳이었다. 나는 내 아이들의 사진을 가지고 있었는데, 그에겐 아이들 사진이 없었다.

－『나는 걷는다』1권, 92쪽

내가 아는 서양사람(대부분 미국 친구들이지만)과 한국사람 옆에 터키사람을 놓으면 어느 쪽으로 묶일지 대략 짐작이 가능하다. 미국 교수들의 책상에는 흔히 가족사진이 놓여 있는데 내가 아는 한국 교수들이라면 비교적 젊은 사람들을 제외하고는 드문 일이다. 몸에 지니는 가족사진에 대해서도 비슷한 경향을 지닌 듯하다. 이런 풍속도의 차이는 문화적 섞임의 정도와 관련이 있지 않을까? 아시아인인 내가 가진 편견일 수도 있다.

여러 배경을 가진 사람들과 함께 답사라는 이름으로 가는 길이긴 하나 이번에는 굳이 여행기록에 애쓰지 않으려고 한다. 출발을 앞둔 지금 그런 임무는 아예 벗어버리고 싶은 심정이 크다. 그냥 만나는 풍경에 마음을 맡겨 보련다. 이쯤 되면 지난 5년 동안 임무처럼 스스로 적어오던 비단길 여행기의 향방이 어떻게 될지 한편으론 걱정도 된다.

오후에 시민단체 직원과 몽골 사막화 지역 복원에 대해 이야기를 나눌 시간이 있었다. 10년 전부터 몽골 울란바토르 서쪽 대략 200km 떨어진 마을에 나무 심기 활동을 하고 있는 시민단체다. 그사이에 9개 호수가 말라버렸다며 원인을 내게 묻는다. 막연한 정보만으로 답을 하기가 조심스럽다. 몇 가지 가설을 고려해볼 뿐이다. 크게 보면 기후변화에 의한 가뭄과 사람의 물 소비 증가가 작용했을 것이다. 그러나 인위적으로 심은 나무들이 하늘로 물을 날린 증산작용도 지하수 고갈에 한몫을 할 터인데 그 양이 어느 정도일지는 아직 모른다.

재작년 다녀온 톈산북로(天山北路) 답사기에서 사막화 지역 복원 방향에 대한 견해를 정리했다. 중국 사람들이 비단길의 한끝으로 보기도 하는 시안(西安)에서 신장 바얀블락까지 이어졌던 답사였다. 건조 지역에 대한 관심과 방문경험이 늘어날수록 그 지역에서 진행되는 식목사업에 나는 더욱 비판적이 된다. 나무를 막무가내로 심기 전에 제대로 된 방향 설정을 위한 연구가 선행되어야 할 것인데 그러지 못하는 우리 사회가 안타깝기도 하다.

이런 풍토는 아마도 지난 수십 년 동안 빠르게 성장하는 과정에 얻은 조급증의 한 단면일 것이다. 비용을 후원하는 기관은 식목사업의 타당성을 검토하기에는 미력하고, 때로는 거저 좋은 평가를 받아 홍보와 예산 증액에 보탬이 되는 사업 정도로 간주하는 태도를 보인다. 많지 않은 전문가들은 사막화 방지사업 계획들을 차분하게 들여다볼 여지가 거의 없다. 대부분 자신들의 연구와 업무에 붙들려 있다. 그런데 나라 일들은 늘 급하게 돌아가는 경향이 있다.

일본은 외국 연구에 대한 지원으로 한발 빠르게 폭넓은 현지 자료를 모으고 있는데 우리는 삶의 직접적인 근거인 우리 땅의 자연도 제대로 살피지 않은 채 세월을 보내고 있다. 나는 나대로 눈앞에 놓인 주제에 묶여 외국을 연구할 엄두도 내지 못한다. 인력과 재력은 한정되어 있고, 쿠데타로 득세한 일부 군인들의 정치 그늘에서 자란 토건의 힘(인력)이 국토를 파헤치는 사업에 돈(재력)을 쏟아 붓느라고 활개 치는 동안 차분한 연구는 늘 뒷전으로 밀려났다.

이 현실은 세상사를 크고 길게 보지 못하는 정신 빈곤의 악순환을 낳는 결정적인 요인으로 보인다. 큰 정신이 큰 그림을 그리고, 큰 그림을 바탕으로 사안을 길고 깊게 보고, 다시 큰 그림을 그릴 수 있는 정신을 불러오는 법인데 그 수준까지 이르려면 얼마나 더 긴 세월이 필요할까?


## 기대와 걱정을 함께 안고 터키 동부로 출발
### -동부 산악 지역은 쿠르드족의 터전

### 2009년 7월 11일 토요일

인천-이스탄불 구간 비행기 옆자리에는 투르크메니스탄 젊은이가 앉았다. 한국국제협력단(KOICA)에서 제공하는 교육을 받고 귀국하는 길에 이스탄불을 거쳐 고향으로 돌아가는 길이다. 말을 붙여보니 모기떼의 극성으로 고생했다며 한국에 대한 아름답지 못한 인상부터 늘어놓는다. '교육 프로그램으로 한국의 위상을 알리고 호감을 가질 인물을 키우는 사업은 좋은데 하필이면 그런 부작용이라니!' 찾아오는 외국 손님에게 좋은 인상을 남기려면 개선해야 할 일이 너무도 많다. 그는 터키에서 유학한 경력이 있다며, 트라브존에 가면 우준괼(Uzun Gol)에 꼭 가보라고 권유한다. 그러나 그곳은 우리 일정에 포함되지 않은 곳이다.

이집트 – 시리아 – 요르단을 방문했던 작년의 여행 이후 사람에 따라 비단길의 서쪽 끝으로 간주하는 이스탄불과 3년 전에 다녀온 이란을 잇는 공간인 터키는 자연스럽게 우리의 다음 답사지로 지목되었다. 터키, 오랫동안 동경하던 나라이지만 아는 것이 그다지 없었다. 터키는 돌궐(突厥)이라는 단어로 삼국시대의 우리나라 역사와 막연하게 닿아 있다는 정도로 알았다. 고등학교 세계사 교과서에서 읽었던 케말 파샤(본명 Mustafa Kemal, 1881~1938, 파샤Pasha는 군사령관 · 고급관료에게 붙이는 칭호)라는 이름도 무슨 까닭인지 뚜렷이 기억한다. 그가 아타투르크(Atatürk)와 동일 인물이라는 사실도 준비 과정에 들었다. '터키의 아버지'라는 뜻으로 온 국민이 추앙하여 붙여준 이름이란다.

돌궐, 투르크, 터키는 문외한인 내게도 어딘가 닮았다. 투르크는 그들의 조상들이 살았던 지역이 투구를 닮아 그런 이름이 나왔다는 이야기도 비단길 답사 인연으로 알게 되었다. 한때 흔히 듣던 터키탕도 은근히 궁금하다. 내가 알던 터키탕은 왜곡된 모습이다. 그런 터키는 2002 한일 월드컵 축구경기를 통해 새롭게 다가왔다.

비단길 답사에서 늘 그랬듯이 여행사에 부탁하여 여정을 마련하고, 한상복 선생님이 검토하셨다. 예전에는 나머지 사항들을 내가 어느 정도 챙기는 편이었지만 이번에는 그렇지 못했다. 이래저래 전에 없이 바쁘기도 했고, 다른 분이 나보다 훨씬 꼼꼼하게 점검하는 모습을 보며 반가웠다. 군이 나설 필요가 없어 좋았다.

준비와 검토 과정으로 터키의 주요 지역을 일주하는 여정이 마련되었다. 동부 산악지대도 포함했다. 많은 사람들이 터키의 서부와 지중해 지역은 주로 다녔으니 조금은 색다른 경험이 되리라. 한편으로는 바로 그 일정 때문에 일말의 불안감도 있다. 동부 지역은 상대적으로 지형도 험할뿐더러 그만큼 낙후된 곳으로 도로사정이 좋지 않다는 사실도 들었다. 터키에서 1년 연구년을 지낸 지기가 알려준 정보다. 그는 경로 수정을 권유했지만 마땅한 대안을 찾지 못했다. 그리하여 일정을 예측하기 어렵다는 점도 은근한 걱정거리다.

동부 산악 지역에는 쿠르드인들의 독립운동으로 위험이 도사리고 있다는 사실을 막연하지만 알고 있다. 여행을 하는 동안 어디선가 터키와 쿠르드의 관계를 잠시 들을 기회도 있었다. 터키에 살고 있는 쿠르드인은 터키 인구 7,200만 명의 16.7% 정도다. 이라크 북부 산악지대에 본거지를 둔 무장단체는 1984년 이후 문화적 · 정치적 권리와 함께 터키 남동부에 대한 자치권을 주장하며 터키를 상대로 무장투쟁을 벌이고 있다.

더구나 이번 답사를 통해서 처음 만나는 사람들이 적지 않아 서로를 충분히 모르는 구성원 특성도 걸림돌이 될지 모른다. 서로 알아가는 초기 단계에는 조금이나마 여유 있게 운행되길 바랐지만 여의치 않았다. 이렇게 풀지 못한 일들로 약간의 무리수와 함께 불안감을 안은 채 떠나야 했다.

나중에 우리가 막 동부 지역을 벗어난 직후에 엄청난 폭우가 내려 도로가 끊어지고, 우리나라 기자 두 명이 교통사고로 사망한 사건을 신문지상에서 읽게 된다. 설상가상 사고현장을 지나던 현지인이 사고를 당한 그 기자의 몸에서 물품을 갈취해간 불상사도 있었다. 유명을 달리한 기자들에게는 정말 안타까운 사고였다. 그렇게 도로가 끊어지고 홍수가 발생한 자연재해는 우리가 여행일정을 조금만 늦추었더라면 맞서야 할 역경이었다. 그런 어려움을 피할 수 있었던 결말은 감사할 일이다.

여행의 내용이 충실하게 채워진 데는 인류학을 전공하고 세계 곳곳의 현장 답사 행운을 누리신 한상복 선생님의 경험이 결정적인 힘이 되었다. 그런 의미에서 우리는 이런 형식의 여행을 통해서 쌓아놓은 어른의 역량을 나름대로 잘 활용하고 있는 셈이다.

이 대목에서 나는 스스로 물어본다. 지난 5년 여름마다 보름씩 5번을 동행한 여행이 한상복 선생님 삶에 어떤 의미를 가질까? 선생님의 삶을 풍성하게 하는 작은 기회는 되었으리라. 이것은 내 잠정적인 답이다. 정년퇴임을 한 다음 "정말 무료하다."고 표현하는 분들이 내 주위에도 더러 있다. 그런 만큼 젊은 날 공들여 다듬은 경험을 다음세대에 자연스럽게 나누어줄 수 있는 행사는 많으면 많을수록 좋다. 그것이 어른의 지혜가 사회에 공헌하는 한 가지 길이 아니겠는가?

긴 세월 키워온 구성원의 값진 경험을 제대로 살리지 못하고 낭비하는 사회의 앞날이 밝기는 어렵다. 그런 의미에서 노령화 시대로 가는 이 전환기에 퇴임하는 사회구성원의 삶을 기획하는 사회적 접근이 필요하다. 은퇴 후 성공 사례를 발굴하여 여러 사람들에게 알리는 작업을 기대해본다.

# 바다에서 산맥을 넘어 거대한 지형이 그리는 풍경
## - 자연이 낳은 터키 숲은 어떤 모습인가?

터키 생태학자들의 연구에 의하면 오늘날의 터키 숲은 한때 인간 활동으로 크게 훼손되었다. 20세기 후반에는 집약적인 관리로 새로운 변화를 겪었다. 4,000년 전 아나톨리아 지역의 60~70%가 숲이었고, 10~15%가 스텝(steppe, 중위도 지역의 온대초지)이었다. 이제 숲 면적은 26%(대략 남북한 면적보다 조금 작은 21만 km²)로 줄어들고, 스텝 면적은 24%로 늘어났다. 과도한 방목과 벌채, 산불, 전쟁, 잘못된 토지 관리가 그러한 변화의 원인이다. 이 내용은 사람들에 의해 숲이 스텝으로 바뀐 사실을 보여주는 실질적인 자료다. 이것은 인공초지 생성에 대한 코카서스 답사기의 설명을 어느 정도 뒷받침한다.

훼손된 터키의 숲은 복원 과정에 독일과 오스트리아, 프랑스, 영국의 관리방식에 큰 영향을 받았다. 목재공급의 부족을 예상하고, 생산성 증대를 위한 녹화사업을 장려하며 넓은 지역에서 토착수종의 숲을 베어내기도 했다. 급경사 지역은 불도저로 계단을 만들고, 포플러와 유칼리나무를 포함하는 외래종을 심었다. 그렇게 가꾼 숲에 1990년대까지는 대규모로 제초제를 뿌리기도 했다. 주로 상업적 접근으로 이루어졌던 이

수메르수도원에서 본 맞은편 산의 수목한계선 (11일 15:13)

러한 녹화사업기간에는 생물다양성 보존활동을 제대로 배려하지 않았다.

　이렇게 사람들의 영향으로 변모된 숲들과 경관을 짧은 여행으로 해석하기는 매우 조심스러운 일이다. 마치 성형수술을 한 사람의 얼굴을 잠시 살피면서 관상을 보는 격이니 말이다. 생태학적 상상력을 동원하여 나름대로 짐작을 해본다지만 확신은 금기사항이다. 따라서 여기서 소개하는 내용은 현지의 토지이용 변화 역사에 대한 자료를 검토하고, 연구방향을 찾는 데 필요한 가설 수준이라 보면 되겠다.

　여행의 첫날 우리는 트라브존의 흑해 바닷가에서 시작하여 산맥을 넘어 아나톨리아의 고산지대까지 이동했다. 대략 300km 거리를 5시간 동안 이동했지만 나는 아쉽

**터키의 지형과 이웃 지역**
자료 출처: http://balwois.com

게도 만족할 만큼의 자료를 얻지 못했다. 피로에 찌든 몸에 이기지 못한 졸음과 풍경을 감춘 어둠으로 각각 이동시간의 앞뒤로 2시간씩을 그냥 보냈다. 겨우 1시간 정도 주위 풍경을 내다보았을 뿐이다. 그런 한계를 인정하고 짧은 시간에 만난 풍경이 일으킨 상상과 검토한 문헌의 내용을 섞어본다.

이날 오후는 꽤 다양한 유형의 식생지대를 만난 시간이다. 흑해 남동부에 가까운 수멜라수도원을 찾아가는 계곡 초입에서는 울창한 넓은갈잎나무숲(낙엽활엽수림)을 만났다. 그리고 산 중턱의 벼랑 아래 자리 잡은 수도원에 서서 맞은편 높은 비탈을 올려다봤다. 산허리를 덮은 바늘잎나무숲(침엽수림)과 정상에서 내려온 고산초지는 수목한계선으로 나뉘어 있었다. 트라브존을 떠나 내륙 고원의 에르주룸으로 가는 여정은 자느라고 일부를 보지 못한 채 지나치고는 잠시 황량한 산악지대 풍경을 만났다. 그리고 다시 어둠 속에서 고지대 초원을 거쳤다. 문헌 자료를 통해 이날 버스가 달린 주위 경관은 바다와 커다란 산맥을 포함하는 대규모 지형과 그에 따른 기후가 그린 그림으

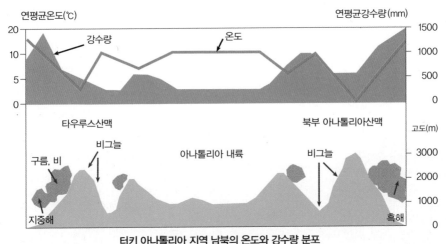

**터키 아나톨리아 지역 남북의 온도와 강수량 분포**

자료 출처: Atalay 2002

로 추론할 수 있다.

　기후와 땅의 굴곡은 지표의 물 분포를 좌우한다. 땅의 물 분포는 그 밑그림 위에 덧붙여질 식물과 동물 분포를 어느 정도 결정한다. 에르주룸 동쪽에 있는 도시 리제는 터키에서 연평균강수량이 가장 높은 곳으로 1,788mm 정도다. 빗물의 근원이 되는 수증기를 공급하는 바다가 가까운 덕분이다. 그런 기후 조건이라 식물이 이용할 토양 수분이 풍부한 수멜라수도원 일대에서 우리는 키가 크고 울창한 숲을 눈으로 보고 몸으로 느꼈던 것이다. 바다에서 멀리 떨어진 아나톨리아의 서부와 남부 평야는 겨울에 비가 많고 여름에는 건조하다. 이곳의 연평균강수량은 평지에서 635mm, 산지에서 762mm이다. 강수량이 매우 적은 이 지역에서 주로 초지 또는 황량한 풍경이 형성된다.

　높은 고개를 넘어 바다를 등진 남사면에는 비그늘(rain shadow)이 생긴다. 공기는 북사면을 힘겹게 기어오르는 동안 물기를 잃어 능선을 넘어 남사면에 당도하면 건조하다. 이렇게 생긴 건조한 현상을 햇빛이 나무에 가려 그늘을 남기는 데 비유하여 비그늘이라 부른다. 이곳은 당연히 비도 적을뿐더러 급한 경사지에서는 물이 중력으로 쉽

고산초지 (11일 18:00, 18:25)

게 흘러내린다. 더구나 낮 동안 남사면으로 쏟아지는 햇볕의 증발작용으로 토양 수분이 유지되기 어렵다. 물을 얻기 더욱 어려우면 흔히 스텝이라 부르는 작은 초본식물이 우세한 경관이 나타난다. 남사면을 지나 평지에 이르면 그래도 높은 곳에서 흘러내린 물길이 키가 작은 풀들로 이루어진 스텝 사이로 천천히 땅을 적시며 나무가 자랄 수 있는 풍경이 생긴다. 대개 마을은 그 물길 가까이 자리를 잡는다. 사람과 가축의 먹이가 되는 무성한 숲과 풀밭이 물길을 이웃에 두고 생기기 때문이다.

수멜라수도원을 떠나 2시간 남짓 산악지대를 기어오른 버스는 메마른 지역을 지난 다음 다시 조금 넉넉한 풍경 속으로 이동했다. 이 메마른 지역이 바로 비그늘의 영향권에 있는 땅이다. 그런 이치로 해안선에서 거리를 이느 정도 두고 나란히 달리는 높은 산맥(전체를 묶어 폰포스산맥이라 하고 우리가 넘은 부분은 동부흑해산맥)의 남북사면 식물은 확연히 구분된다. 북사면 낮은 지역은 바다에서 바람을 타고 기어오른 물 기운의 혜택을 어느 정도 누려 숲이 땅을 가리고 있다. 바다에서 멀어질수록 물 기운이 쇠잔해지면 나무들은 힘들어 서로 거리를 두고 선다. 고산지대에 이르면 나무의 세력은 완연하게 꺾이고 풀들의 세상이 된다.


## 물과 온도가 나눈 나무와 풀들의 자리
– 어떤 식물들이 어디에 살고 있을까?

이런 사정으로 아나톨리아 지역 북부 고지대의 식생은 대략 3권역으로 나뉜다. 눈으로 뚜렷이 구분되는 3권역을 수멜라수도원 일대에서 만났다. 그러나 권역들의 식물종을 확인하지는 못해 자료를 찾아 정리해본다.

1. 흑해 연안에서 북사면 고도 1,000m까지의 구역은 습윤-온대 낙엽활엽수림대로 너도밤나무류(*Fagus orientalis*)와 피나무속(*Tilia sp.*, lime 또는 linden), 오리나무속

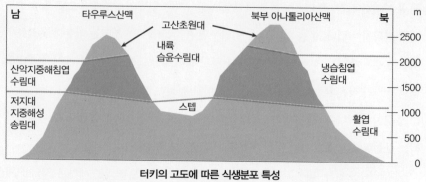

**터키의 고도에 따른 식생분포 특성**

자료 출처: Atalay 2002

(*Alnus* sp.), 단풍나무속(*Acer* sp.), 참나무속(*Quercus* sp.), 개암나무속(*Cofylus* sp.)

나무들이 자란다.

2. 해발 1,000~2,000m 지역의 북사면 습윤―냉대침엽수림대에서는 스코틀랜드소나무[*]

(*Pinus syivestris*), 전나무류(*Abies normanniana*), 가문비나무류(*Picea orientalis*) 들

이 자란다. 특히 여름에 찬 공기 상승으로 형성되는 안개와 비의 영향을 받는 고지대에

는 가문비나무가 많다.

3. 해발 2,000m 부근에서 나타나는 수목한계선 이상에서는 고산초원대가 있다.

북부아나톨리아산맥 남사면 식생특성도 고도에 따라 3권역으로 나뉜다. 그러나

햇볕을 잘 받아 기온과 지온이 높고 토양 수분 함량이 낮아 흑해 연안의 북부 지역과

는 조금 차이가 있다. 이를테면 햇빛을 많이 받는 남사면 높은 곳은 스코틀랜드소나무

가 자라지만 낮은 곳에서는 상대적으로 건조한 땅에 자라는 소나무 일종(*Pinus nigra*,

black pine)과 참나무속 식물들이 많다.

고도에 따른 식생분포의 구분은 12일 말라티아에서 넴루트로 넘어가는 길에서

도 볼 기회가 있었지만 어둠 속에서 지나쳤다. 대신에 다음 날 이른 아침 넴루트산

(2,150m)에 올라 멀리 보이는 산에서 일부 면모를 잠시 바라볼 기회가 있었다. 넴루트산은 동남부 타우루스산맥(Southeastern Taurus Mountains)에서 가장 높은 봉우리 중의 하나다.

지중해 쪽에 있는 타우루스산맥에서도 식생분포는 3권역으로 잘 구분된다.

1. 지중해 연안 북사면에서는 소나무 일종(*Pinus bruia*, red pine)이 고도 1,000m 이하에 주로 자라고, 햇빛을 넉넉하게 받는 남사면에서는 고도 1,500m 지대까지 서식한다. 남사면 소나무숲이 파괴된 곳은 관목인 마키(maquis)가 많이 정착했다.

2. 1,000~2,000m 지대에는 삼나무 일종(*Cedrus libani*)과 소나무 일종(*Pinus nigra*, black pine), 타우루스전나무(*Abies cilicica*)가 자라고, 삼나무숲을 벌목한 고지대는 노간주나무속(*juniper*) 나무들이 새로 자리를 잡았다.

3. 2,000m 이상의 고산초원대에는 벼과식물들을 포함하는 초본식물이 자라지만 과도한 방목으로 훼손된 곳에는 아나톨리아 내륙 지역의 스텝 초본들이 들어왔다.

14일 지중해 가까운 아다나(Adana, 해발 23m)를 떠난 우리의 차는 니데(Nigde, 해발 1,229m)로 이르는 길에서 서부 타우루스산맥을 남에서 북으로 넘었을 것이다. 아마도 이날 오후 3시 30분 무렵 넘은 고갯길 일대의 침엽수지대가 산맥의 중턱 부근이 아니었을까?

차는 한 시간 남짓 달려 황량한 초지와 밭이 나오는 풍경을 지났고, 다시 40분 더 달려 니데를 통과한 노정이었다. 흑해와 지중해에서 먼 아나톨리아 내륙의 1,000m 이하 지역은 스텝이다. 내륙의 고도 1,000~2,000m 지역에는 참나무속(*Quercus*)의 건조한 숲이 나타나고, 고도 2,000m 이상은 고산초원이다. 12일 오전 10시가 되기 전에 에르주룸을 떠나 오후 6시 무렵 말라티아를 통과한 노정은 전형적인 아나톨리아 내륙의 길에서 이루어졌다.

넴루트산에서 본 풍경. 먼 산의 식생이 고도에 따라 구분되는 것을 알 수 있다. (13일 06:14)

서부 타우루스산맥을 넘어 가는 길 (14일 15:34)

니데로 향하는 길의 경관 (14일 16:37)

버스가 에르주룸을 떠난 지 10분을 조금 지나 야트막한 구릉의 초원이 이어졌다. 긴 세월 풍우가 다듬은 둥글고 나지막한 산봉우리들이 파도치는 지형이다. 바다로부터 수백 킬로미터 떨어졌고 해발고도가 2,000m 이상인 고원지대의 건조하고 추운 날씨에 나무들은 다가오지 못한다. 오직 끈질긴 삶을 꾸릴 줄 아는 풀들이 자기 세상을 만든 곳이다.

머지않아 버스가 상대적으로 낮은 내륙으로 내려서니 많은 건초 더미와 벌통들이 무리를 지어 놓여 있는 풍경이다. 식생대로 보면 스텝 지역인 셈인데 오랫동안 사람들이 가꾼 곳이라 자연의 모습이라 하기는 어렵겠다. 호숫가에는 무리를 지은 소들이 풀을 뜯고 있건만 양들은 보이지 않는다. 초지라면 당연히 양들과 짝을 이룰 것으로 예상했는데 오전 내내 나는 양 떼를 만나지 못했다. 대부분의 시간에 건초 더미와 벌통들이 이따금 나타나는 풍경을 봤을 뿐이다. 터키에서 양은 주로 어떤 지역에 살고 있을까?

넴루트를 떠난 다음 안타키아까지 가는 동안 남부 타우루스산맥을 넘었으니 지형으로 보면 여기는 이미 지중해권역이다. 풍경은 자연이 그린 밑그림에 부침하는 역사 속에 살아온 사람들이 여러 번 덧붙여 그린 산물이다. 수천 년 동안 그 위에 다시 덧칠한 풍경이라 그 안에서 살아온 사람들조차 실체를 제대로 파악하기는 매우 어렵다. 짧은 일회성 여행으로 그런 풍경의 역사를 짐작하는 것은 그저 상상일 뿐 믿을 바가 못된다. 다만 추론과 느낌으로 말할 뿐이다.


## 호숫가의 소 떼를 보며 소고기뭇국을 추억하다
### - 소를 기르는 곳, 양을 치는 곳

터키에서 만난 풍경을 정리해보면 대략 이렇다. 첫날인 7월 11일 트라브존을 떠나 에르주룸에 이르는 길에서 만난 풍경은 역동적이었다. 도시와 도로에서 보낸 일정이라 사람을 꺼리는 야생동물을 만나는 일은 거의 없었고 사람과 가까이 영향을 주고받는 제한된 종류의 동물을 만났다. 수메르수도원을 떠나 계곡 지역에서는 들꽃을 제법 볼 수 있었다. 많은 벌통들이 꽃식물이 꽤 자라는 지역이라는 사실을 간접적으로 보여주었다.

12일 해발 2,000m가 넘는 에르주룸 숙소 주위의 초원에도 시선을 끄는 아름다운 야생의 꽃밭이 있었다. 이른 아침이라 벌떼를 보지는 못했으나 양봉을 통해서 사람과 벌이 아름다운 관계를 나눌 만한 경관인 줄로 짐작한다. 이날 호숫가의 소 떼를 만나고, 어느 가난한 동네에서 연료용으로 모아둔 소똥 무더기를 잠시 스쳤다. 그러나 양 또는 염소는 집으로 돌아가는 몇 마리만 그저 먼발치에서 봤을 뿐이다.

13일 오전 넴루트산을 떠나 지중해 가까이 있는 도시 안타키아를 목표로 길을 재촉하는 동안 마을 가까이에서 꽤 많은 소를 봤다. 멀리 올리브 과수원이 보이거나 옥수수가 충분히 자란 밭이나 추수 끝난 밀밭 또는 밭둑을 배경으로 양 떼를 만난 것은 오후 5시 30분 무렵이었다. 그리고 한 시간 가까이 버스로 지난 널따란 평원에서는 옥수수와 해바라기가 자라는 밭과 길 주변, 경사지에는 소가 없는 것은 아니었으나 염소와 양이 더 자주 보였다.

물론 지난 5년 동안 다닌 건조지 경험이 작용하여 이쯤에서 내 마음은 소와 염소나 양이 가는 공간의 특성을 대략 구분한다. 소들은 지형이 험하지 않고, 물이 가까운 지역에 주로 활동한다. 소에 비해서 염소와 양은 가파른 벼랑에도 접근하고, 먼 곳까지 가서 먹이를 구하기도 한다. 이러한 구분은 아마도 갈증을 참고 견디는 시간이 소보다 길고, 떼를 지어 이동하는 특성이 강하여 목동이 통제하기 수월한 염소와 양의 생태에서 비롯된 사람들의 이용방식과 관련도 있을 것이다.

어린 시절 가난한 시골에서는 소고기 구경하기는 가뭄에 콩 나듯 했다. 소고깃국을 먹었던 기억을 대략 헤아릴 수 있을 정도다. 그 시절 오후 뒷산에 소를 풀어놓고 지키는 것은 소년들의 몫이었다. 가끔 소녀들도 있었으나 그것은 대개 그 소녀 집안의 특수한 사정 때문이었다. 그렇게 놓아먹이던 소들은 놀기에 열중하는 소년들의 눈길을 벗어나기 일쑤였다. 그 무렵 가난한 농촌 소년들은 먹을 것뿐만 아니라 놀이에도 굶주

양봉과 호숫가의 소 (12일 09:55 에르주룸—말라티아)

소 먹이러 가는 소녀들. 소들의 길이라 차들의 통행을 금지한다는 표지가 흥미롭다. (12일 10:45 에르주룸—말라티아)

려 있었다. 그리하여 드물기는 했어도 소들은 가끔 벼랑에 접근했다가 떨어져 죽는 날도 있었다.

그런 날은 동네 사람들이 소 주인을 위로하고 돕는 차원에서 소고기를 조금씩 사주었다. 그 소고기와 무를 썬 조각들에 물을 잔뜩 붓고, 약간의 양념을 보태어 끓이면 보기는 멀겋지만 맛난 국이 되어 밥상에 올랐다. 먹을 것이 귀하던 시절 혀끝을 감치던 소고기뭇국 맛은 오늘날 푸짐하게 먹을 수 있는 소고기구이 맛을 훨씬 능가하는 미감으로 남아 있다. 이 오래된 미감의 추억은 소와 염소 또는 양의 생태를 구분하는 오늘날의 식별력이 된 셈인데 이것이 잘못된 선입관이 아니길……

다음 노정에서는 동물을 직접 만날 기회가 없었지만 데린구유의 지하도시에서 '사람들은 미로처럼 얽힌 지하 동굴 속에서 연료를 어떻게 해결했을까?' 라는 의문에 동물에 대한 생각을 떠올릴 수밖에 없었다. 좁은 지하통로로 무사히 연료를 운반하자면 부피와 무게가 동시에 해결해야 할 성가신 문제가 되었을 것이다. 더구나 밀폐된 공간에서 식사를 준비했다면 태울 때 발생하는 연기가 실내 공기를 덜 오염시키는 장치와 거기에 걸맞은 연료 형태를 찾아야 했을 것이다. 실험으로 검정할 수 없는 가설이지만 나는 바짝 말린 가축의 똥이 지하도시에서 사용한 연료의 후보에 오를 수 있을 것으로 짐작했다.

카파도키아에서는 수많은 집비둘기를 만났다. 가축은 아니라 할지라도 인가에 삶의 터전을 내린 비둘기는 사람의 삶과 밀접한 관계 속에서 생명을 부지하는 동물이다. 냄새가 나는 비둘기의 똥을 연료로 사용했을 것이라는 추측은 동의하기 어렵지만, 포도밭의 거름으로 이용했다는 말은 설득력이 있다. 염소나 양 떼가 사람들이 접근하기 어려운 벼랑에서 풀을 뜯어 먹고 사람의 공간으로 돌아오는 정도지만 자유로운 비둘기는 더 넓은 지역을 넘나든다. 비둘기는 양이 걸어서 가기 어려운 더 먼 지역에서 수집한 여러 형태의 먹이를 똥으로 전환하여 경작지에 거름을 보태는 구실을 하였을 것이다. 그러나 연료로 쓰기는 불편했을 것으로 짐작한다. 질소가 많이 함유된 먹이도

외딴 집. 집의 왼쪽 아래 비탈로 양들이 까만 개미처럼 줄을 지어 올라간다. (12일 19:12)

카파도키아의 비둘기 계곡 (15일 09:18)

먹는 비둘기 똥은 냄새를 풍기기 때문이다. 대신에 탄질비(물질의 탄소와 질소 함량비)가
높은 식물을 주로 먹는 초식동물의 똥 냄새는 역겹지가 않아 연료로 쓸 만하다.

# 햇빛과 식물이 땅 위에 그리는 풍경
## – 자연의 에너지 흐름과 생태계 서비스

14일 오후 서부 타우루스산맥을 넘은 다음 만나는 풍경은 새로웠다. 지나온 터키 동부
지역의 지형과 달리 사람들이 접근하기 쉬운 평지다. 사람들은 그런 땅과 더 오랜 세월
관계를 맺으며 삶을 챙겼을 터이다. 유구한 역사 속에서 땅을 다스리며 그 풍토에 맞는
식물을 발굴하고 이용했을 것이다.

　여행자의 눈에 특별히 흥미로웠던 식물은 밀과 올리브, 해바라기다. 콘야 – 파묵칼
레를 잇는 길에 지나친 구릉과 평지에는 밀과 옥수수 등을 심은 밭들이 넓게 펼쳐졌다.
구릉지에는 올리브밭이 있고, 언뜻 봐서 경사가 조금 더 완만한 곳은 밀밭과 옥수수밭
들의 차지다. 아마도 주로 구릉지를 이용하여 가꾸는 올리브나무는 밀이나 옥수수보
다 더 건조한 땅에 적응한 식물일 것이다. 띄엄띄엄 올리브나무들을 심어둔 밀밭도 이
채롭다. 그 나무들은 새들이 찾아오는 매력이 되고, 새들은 농부의 양식과 상품인 밀을
노리는 쥐나 두더지, 메뚜기와 같은 해충을 제어할 것이다. 그렇게 풍경에는 사람들이
생태계 서비스를 한껏 활용하려는 의지가 담겼다. 이 내용은 나중에 조금 더 구체적으
로 소개할 예정이다.

　20일 버가모를 떠나 차낙칼레를 200km 남짓 남겨둔 노정부터 넓은 해바라기밭이
이어졌다. 그 장관은 이스탄불을 지척에 두고부터는 식상할 정도가 된다. 그동안 너무
많이 봐버린 탓이다. 해바라기 씨앗이 영글기 위해서는 벌과 나비, 파리류를 포함하는
곤충들의 활동이 있어야 한다. 지나가는 길에 벌통을 보지 못했어도 사람들이 벌의 혜

쿠사다시 – 버가모 – 아이발릭 (20일)

차낙칼레 – 이스탄불 해바라기밭 (21일 15:43)

택을 모를 리가 없다. 제한된 지역, 제한된 시간에 통과한 내 바쁜 눈을 피해갔을 가능성이 높다. 넓은 해바라기밭을 가능하게 하는 지형과 토양, 기후, 그에 곁들여진 벌과 양봉으로 연결되는 인간의 삶은 찬찬히 살펴볼 만한 생태적 주제다.

돌이켜보니 해바라기밭 주위에 있는 숲들을 눈여겨볼 여유를 가지지 못했다. 이 또한 아쉽다. 꽃과 가까운 곳에 자연산 벌들이 깃들 만한 장소는 특별한 의미를 가진다. 야생벌들이 거처와 해바라기밭을 부지런히 오가며 꿀을 빨고 꽃과 그 꽃을 가꾼 농부에게 꽃가루받이를 선사하는 것은 자연의 이치다. 물론 숲과 들에 피는 자연의 꽃들도 벌들과 아름다운 관계를 맺는다. 그래야 해바라기도 야생식물도 씨앗을 제대로 맺고, 세대를 이어가며, 농부는 풍성한 결실을 맛볼 수 있다. 그렇게 잘 짜인 경관에서 식물과 벌, 농부가 어우러져 공생하는 법이다.

생울타리나 하나씩 서 있는 나무와 수풀은 모두 벌이 집을 짓기에 좋은 곳이다. 지나온 길에 해바라기밭을 둘러싸는 울타리나 가까운 곳에 흩어져 있는 나무 또는 작은 숲 조각은 아예 없었을까? 20일 버가모를 떠난 이후 다음 날까지 이스탄불로 이어지는 길에 지나쳤던 해바라기가 있는 풍경 사진들을 다시 들추어보니 벌들이 집을 지을 만한 생울타리가 있고, 키가 훌쩍 자란 나무들도 그 안에 있다. 특정 대상에 집중하며 찍어놓은 풍경에서 뜻밖의 의미 있는 요소를 나중에야 확인하는 경험은 색다른 기쁨이다.

지금까지 비단길을 다니며 거친 여러 나라에서 양들이 풀을 뜯던 곳들은 대략 두 가지로 나뉜다. 한 지역은 추수가 끝난 농경지와 마을 또는 길 주변의 풀밭이다. 한 지역은 사람이나 소조차 접근하기 어려운 가파른 비탈의 풀밭이다. 터키에서는 의외로 양을 많이 보지 못했을 뿐만 아니라 그나마 주로 추수가 끝난 농경지에서 봤다. 터키의 양고기가 유명한 것으로 봐서는 우리가 그런 땅을 피해 다닌 듯하다. 중국과 이란 답사와 달리 터키에서는 가파른 비탈을 거니는 양들을 본 기억이 그다지 없다.

경험과 추론을 바탕으로 넓은 터키 땅을 수놓은 자연의 흐름을 간략한 상상도로 압축해본다. 태양에서 비롯되어 오랜 세월 이루어진 초원 위로 쏟아지는 에너지가 사

**초원의 에너지 흐름과 인간 활용**

| 광합성 | 저장요소 | 생물주체 | 인간용도 | 주요 토지 |
|--------|----------|----------|----------|-----------|
| | 꽃 | | 꿀 | 모든 토지 |
| | | | 털 | 급경사지 유휴지 |
| | 잎, 줄기 | | 식량 | |
| | | | 가죽 똥(거름, 연료) | 완경사지 |
| | 씨앗, 열매 | | 기름 | 평지(경작지) |
| | 뿌리 | | 식량 | 평지(경작지) |

지형의 관계. 뿌리를 먹는 채소인 감자를 터키에서 많이 재배한다는 내용을 여행 도중에 들었다

람의 개입으로 바뀌는 진로가 내 상상에 포함된다.

시작은 햇빛과 진화의 산물인 식물의 만남이다. 식물은 땅에 뿌리를 내리고 줄기와 잎을 뻗어 태양에너지를 이용하여 성장한다. 넉넉히 자란 식물은 꽃을 피우고 열매를 맺어 자손을 생산하고, 동물과 바람 등의 힘을 한껏 이용하여 세력을 뻗쳐간다. 그 안에는 자연스러운 자연의 에너지 흐름이 있다. 그 자연으로 찾아든 사람들은 땅과 식물과 동물을 가꾸고 에너지 흐름을 자신들에게 유리한 방향으로 바꾼다. 식물이 광합성 산물을 저장한 부분을 직접 이용하기도 하고, 가축을 키워 의식주의 재료로 쉽게 다룰 수 있는 산물로 전환하기도 한다. 우리는 그 과정을 흔히 농경과 목축이라 한다. 농경과 목축은 기후와 땅의 위치와 비옥도, 사람과 동물, 기계의 접근능력을 활용하여 땅

을 현명하게 관리하는 방식이다. 그 방식 또한 생물과 문화가 어우러져 낳은 진화의 산물이다.

## 밀과 올리브나무가 어우러진 낯선 풍경
### - 밀밭 한가운데 큰 나무가 있어야 하는 이유

18일 콘야를 떠나 파묵칼레로 가는 길, 정오가 되기 전에 우선 피시디아 도착을 목표로 두고 있다. 평원을 지나 다시 작은 고개를 넘으니 산비탈에 올리브나무들이 듬성듬성 서 있다. 이 풍경은 밀과 같은 작물을 심은 밭에 한 그루씩 서 있는 나무에 대한 궁금증을 떠맡긴다.

우리나라에서는 그늘을 만드는 나무를 논이나 밭 가운데 잘 두지 않는다. 어린 시절 할머니께서 "세상없어도 너므('남의'라는 뜻으로 경상도 발음) 그늘에서 농사는 안 된다." 하시던 말씀을 무슨 까닭인지 지금도 뚜렷하게 기억한다. 나무 그늘에서는 작물이 잘 자라지 않는다는 뜻이다. 그곳은 작물의 기준으로 보면 자기가 아닌 남의 그늘이 있는 공간이다. 할머니 말씀 덕분에 논이나 밭 가운데 나무를 남기면 수확량이 줄어든다는 사실을 나는 광합성을 배우기 전부터 막연하게 알았다. 그리고 들판 가운데 서 있는 큰 나무를 보기가 어려운 우리 경관에 익숙해졌다. 그러다 보니 이곳 풍경이 내게는 신기한 것이다. '왜 이럴까?' 내 상상은 스스로 답을 찾아 재작년에 갔던 중국의 내륙 초원으로 날아간다.

높은 흙벽이 만리장성의 일부이던 우웨이를 떠나 장예로 가던 길이다. 그때도 나는 버스에서 바깥을 내다보며 새로운 풍경에 넋을 빼앗기곤 했다. 초원이 계속되는 곳에는 어른의 가슴 높이 정도의 콘크리트 말뚝 또는 기둥들이 가끔 보였다. 사실은 누군가 그것들에 대한 의문을 먼저 던지면서 비로소 인지했던 것 같다. 그리고 저마다 상상으로 답을 찾으며 무료를 이기는 시간이 잠시 있었다. 곧 어림짐작으로 얻은 답들이 제

나무가 띄엄띄엄 있는 경사지 밀밭 (18일 11:19)

중국 간쑤성 우웨이–장예 노정에서 찍었던 옹돈 (2007년 7월 15일 10:32)

시되었다. 그러나 상상의 결과는 믿을 바가 아니었다. 어느 답도 동조를 얻지 못하고 여행은 계속되었다.

궁금증은 우루무치의 신장지리생태연구소에서 동물생태학자를 만나면서 비로소 풀렸다. "응돈(鷹墩)이라고 합니다. 초원과 사막에서 성가신 짐승을 잡아먹는 새를 편안히 앉게 하면 들쥐를 방제하는 데 도움이 되지요. 중국 정부에서는 지역 주민들에게 들쥐를 잡는 재정을 지원하기도 해요." 초원에는 들쥐가 많고, 기승을 부리는 들쥐들을 억제하는 데는 솔개와 같은 맹금류가 제격이다. 솔개가 하늘에 떠서 초원을 살피자면 에너지 소모가 있다. 사람들은 새가 앉아서 힘들이지 않고 쥐의 움직임을 포착하도록 하는 길을 생각해냈다. 그 길은 말뚝을 세워 놓는 것이다. 간단하지만 이것도 맹금류의 행동을 관찰하여 얻은 생태지식에서 나온 응용이다.

터키에도 작물을 노리는 성가신 짐승이 있을 터이다. 밭에 나무를 세워두면 새들은 그곳에 편안히 앉아 작물 사이로 기어 다니는 먹을거리를 노릴 수 있다. 이곳 풍경은 그런 사람들의 의도로 남겨진 것이 아닐까? 이것은 내가 짐작해본 답이다. 지난 경험이 새로운 경험을 만나 피어난 상상이라고나 할까? 과연 이곳 사람들이 내가 짐작하는 의도를 품고 그런 경관을 가꾸었는지 아직은 분명하게 알 수 없다. 그 정도의 궁금증은 물어서 풀어볼 수 있는데 아쉽게도 기회를 얻지 못했다. 그러나 내 눈에는 진기한 그런 경관이 만들어지고 유지되는 데는 오랜 경험으로 익힌 현지인들의 지식이 작용했을 것이 분명하다. 또한 그런 경관 안에서 새들이 작물을 갉아먹는 메뚜기나 알곡이나 뿌리를 노리는 들쥐를 잡아먹기 쉬울 것이다.

풍경에서 비롯된 상상은 이 무렵 전북 진안에서 진행하던 우리의 전통 마을숲 연구 주제와 이어졌다. 생물방제보다 작은 숲과 독립수를 찾아오는 새들과 그 새들이 배설한 똥 속의 식물 씨앗을 식별하고, 먹이 잔재의 유전자를 분석하여 먹이가 된 미세한 생물의 종류와 새들이 방문한 서식지를 추정하는 작업으로 학술논문을 게재하는 계기가 되었다. 이 결과는 이국 답사가 준 값진 선물이다.

# 길 따라 문화도 식물도 전파된다
## - 절굿대와 도꼬마리의 전파 전략의 차이

국화과 식물인 절굿대와 도꼬마리의 전파도 이번 답사에서 생긴 새로운 관심이다. 두 식물의 전파 전략에 나타나는 차이가 분포의 차이를 일으킬 것은 분명하다. 그러나 식물 전파의 진면목은 진화학적 시간 규모에 걸쳐 일어나는 과정이라 쉽사리 밝혀질 숙제는 아니다. 두 식물 모두 사람이 사는 공간 부근에서 만났고, 인간의 도로 건설과 이동으로 크게 세력을 뻗친 것으로 짐작한다. 바람에 날리는 솜털을 지닌 절굿대 씨앗은 도로를 따라 주로 선형으로 늘어서 있었다. 동물이나 직물에 달라붙기 쉬운 갈고리를 가진 도꼬마리는 인가와 경작지 주변에 띄엄띄엄 흩어졌거나 군락을 이루고 있었다.

엉겅퀴와 절굿대의 전파에 대한 관심은 카파도키아에서 보아즈칼레로 가는 길에 시작되었고, 콘야를 떠나 파묵칼레로 가는 길에 새록새록 자랐다. 길섶을 따라 유난히 많은 보라색 꽃들을 보며 바람에 날리는 특징을 지닌 종자들이 길을 따라 전파될 것으로 짐작해봤다. 절굿대에 대한 자료를 검색해보니 두산백과사전에는 한국과 일본에 분포한다고 적혀 있다. 터키에서 본 식물이 엄밀한 분류학적 의미에서 보면 우리나라의 절굿대와는 다른 종일지도 모른다.

그런데 외국에서 식물 전파 현상이 내 눈에 쉽게 읽힌 까닭은 무엇일까? 여행은 이런저런 생각을 할 여유가 있어 나는 잠정적 가설을 하나 얻을 수 있었다. 한 장소에 다양한 방식으로 접근하고 정착하여 갖가지 식물들이 올망졸망 섞여 있다면 사람들이 어느 한 가지를 골라내는 일은 어렵겠다. 만약 여러 식물 중에서 한두 가지 종이 우세하다면 인식되기 쉽다.

이 상상을 쉽게 표현하기 위해 극단적인 두 가지 상황을 대비해본다. 우리나라 길섶으로 새로운 식물들이 찾아오고 정착하는 방식은 여러 가지일 것이다. 그러나 터키에서는 도로를 따라 이동하는 식생이 유리한 고지를 가질 어떤 이유가 있을지도 모른

식물의 전파 (15일 19:15 카이세라 – 카파도키아)

중앙분리대를 따라 전파된 엉경퀴의 분포
(16일 10:28 카파도키아 – 보아즈칼레)

콘야에서 파묵칼레 가는 길로 이어진 식물의 전파 (18일 10:38)

다. 다만 상대적으로 열악한 환경에 잘 적응한 식물들은 약골들을 뛰어넘어 자기들만의 풍경을 만드는 위치에 자리를 잡지 않았을까? 내가 터키의 도로를 따라 많이 만났던 엉겅퀴와 절굿대는 그런 식물의 후보에 포함되려니 하고 짐작한다. 이런 상상은 그야말로 상상일 뿐이다. 설득력을 얻으려면 그에 걸맞은 연구방법을 갖춘 확인이 필요하다. 연구 수행은 뒷날의 일이지만 나는 새로운 후보 연구 주제를 터키에서 찾았으니 얻은 바가 있다.

또 다른 국화과 식물인 도꼬마리는 12일 저녁 무렵 길가에서 잠시 만난 이후 여러 곳에서 눈에 띄었다. 그러나 큰 군락을 본 기억은 없다. 비단길 답사에서 엄청나게 많은 도꼬마리 군락을 본 곳은 2005년 카사흐스탄 알마티에서 비슈케크로 가는 길이었다. 두 시간 남짓 가야 할 목적지를 앞두고 토크마크(Tokmak)시를 막 벗어나는 길목의 주유소에서 차가 에너지를 보충하는 동안 나는 도시 경계를 알리는 조형물 가까이 가보았다. 토크마크라는 글자와 함께 제트비행기 모형이 우뚝 서 있는 빈터에 베어 눕혀진 식물은 온통 도꼬마리였다.

국화과 한해살이풀인 도꼬마리는 우리나라에도 여기저기 작은 군락을 이루며 나타나고, 열매가 해열과 발한, 두통에 쓰는 약재인 까닭인지 중국 문헌에도 언급되어 있다. 이곳에는 지천으로 널려 있는 것으로 보아 터키와 중앙아시아, 중국, 우리나라에 걸쳐 분포하는 식물인 것으로 짐작된다. 가을에 열리는 1.5~2cm 길이의 도꼬마리 타원형 열매에는 끝에 낚싯바늘처럼 굽은 갈고리가 많이 있어 스치기만 해도 옷에 잘 달라붙는다. 이런 열매 특성으로 동물의 털이나 사람의 피복에 붙어 전파될 가능성이 높다.

이 식물이 원산지에서 세력을 넓혀간 길은 아무래도 비단길과 무관하지 않을 것 같다. 우리나라 인터넷 자료를 검색해보니 도꼬마리는 한국 원산이라고 밝히고 있다. 믿어지지 않는 일이라 식물분류 전문가에게 물어봤다. 한국 특산은 한국에만 있는 것이고, 한국 원산은 다른 나라에도 있지만 한국에도 있다는 뜻이란다. 비슷하게 생겼지만 다른 종의 식물이 있어 엄정한 분류를 하지 않으면 전파에 대한 이야기를 섣불리 하지 않는 것이 좋다는 충고를 곁들여준다. 카자흐스탄과 터키에서 본 도꼬마리와 비슷한 식물은 도꼬마리속의 다른 식물종일 수는 있어도 엄밀한 분류학적 의미의 도꼬마리가 아닐 수도 있다는 뜻이다. 그렇지만 그들이 진화학적 연대를 거치며 한 조상에서 나와 다른 세상으로 전파되어 갈라져 나온 후손일 가능성도 있다. 문화의 길이 있다면 자연의 힘으로 형성되는 식물의 길도 있으련만 상대적으로 관심을 덜 받고 있는 셈이다.

## 인간의 구조물 위에서 태연한 황새
### - 황새와 인간의 평화로운 공존

터키 여행에서 전혀 기대하지 않았는데 황새를 여러 번 만났던 일 또한 기억에 남는다. 허물어진 유적지 꼭대기에서 한 번, 건물 지붕 위에서 두 번, 전신주 위에서 집을 짓고 사는 모습을 네 번 봤다. 집의 위치를 보건대 무언가를 피해서 높은 곳에 자리를 잡는 것은 분명하다. 그런데 때로는 그다지 높지가 않고, 사람과 자동차가 5~6m 가까이 지나가는 위치에서도 태연하게 살아간다. 터키 사람들과는 꽤 친밀한 새인가 보다.

황새는 쉽게 눈에 띌 정도로 집을 크게 짓는다. 어쩌면 제비처럼 사람들의 눈에 쉽게 띄어 보호를 받는 쪽으로 적응한 까닭인지 모른다. 그러나 우리나라에서는 야생 황새가 사라져서 동물원에서나 겨우 볼 수 있다. 아직 이 새와 공존하는 터키 지역 주민들은 어떤 기분일까? 나그네는 그들 가까이 황새들이 살고 있는 풍경에서 정서적 풍요를 느낀다.

2005년 8월 11일 우즈베키스탄 부하라에서 비단길 답사 일행을 잠시 벗어날 기회가 있었다. 혼자 돌아다니던 주택지 골목에서 나는 낮은 미나렛 꼭대기에 놓여 있는 황새 집을 우연히 만났다. 생전 처음 본 그 실체가 뭔지 사실은 전혀 짐작을 하지 못했다. 낮은 원기둥 형태 구조로 터키에서 만난 황새 집보다 조금 더 깔끔하게 정돈된 모습이었다. 가까이 있는 꼬마에게 몸짓으로 이름을 알아내려고 노력해봤지만 허사였다. 때

황새 (12일 12:33 에르주룸—말라티아, 18일 콘야—파묵칼레)

파묵칼레—에페소 (7월 19일 13:09)

우즈베키스탄 부하라 미나렛 위의 황새집. 오른쪽 사진에서 주변 분위기와 황새의 러시아 명칭을 가르쳐 준 여인이 보인다.

마침 한 여인이 아기를 안고 지나갔다. 그녀는 "라이락" 했다. 내 행동의 의도를 알아차린 것이 분명했다. "라이락?" "라이락!" 의문과 대답이 반복되었다. 그러나 일행을 뒤쫓아야 하는 나는 궁금증을 말끔하게 풀지 못한 채 서둘러야 했다. 이미 일행과 만나기로 했던 약속 시간이 지난 때였다.

라이락이 황새를 뜻하는 러시아 말이라는 것을 안 것은 귀국한 다음이다. 사진을 가까이 지내는 새 전문가에게 보내고 현지 경험을 간단히 이야기해주었다. 그리고 그는 우연히 러시아 도감을 가진 동료를 만났던 것이다. 우리의 터키 현지안내인 오스만에게 황새의 영어 명칭을 물어보니 모른다. 나는 무심코 주워들은 말을 흘렸다. "러시아어로는 라이락이라고 한다던데……." 기대하지 않았던 답이 날아온다. "여기서도 라이락이라고 하는데……."

우즈베키스탄에서 황새를 직접 만난 다음 정보를 찾아본 적이 있다. 한국황새복원센터에서 발간한 『과부황새 그 후』는 황새에 대해 잘 정리를 해놓아 이를 요약해본다. 전세계적으로 황새과에는 19종의 새가 있고, 한국에 있던 황새(*Ciconica ciconica boyciana*)는 부리가 검은 것이 특징인데 아무르강 유역과 연해주, 러시아에 분포하고 있다. 홍부리황새(*Ciconica ciconica asiatica*)는 황새보다 조금 작고 부리가 붉은색을 띠며 유럽과 우즈베키스탄 등에 분포한다.

이전까지 흔하던 우리나라 황새는 19세기 중반부터 감소하여 1968년 5월 30일부터 천연기념물 199호로 지정되어 있다. 그럼에도 불구하고 텃새 황새는 이 땅에서 영원히 사라졌다. 충북 음성군 관성면 1971년 4월 발견되었던 황새 수컷은 무심한 사냥꾼의 총에 사살되었고, 암컷은 지금의 서울대공원동물의 전신인 창경원동물원으로 옮겨 보살피는 동안 무정란만 낳다가 1994년 9월에 죽었다. 황새는 한국의 교원대학교와 일본 효고현에서 러시아 개체를 도입하여 복원을 시도하고 있고, 홍부리황새 복원 연구는 독일에서 진행되고 있다.

카자흐스탄에 2년을 살다가 돌아온 제자도 한참 세월이 흐른 다음 내가 품었던 의문에 다음과 같은 답을 보냈다.

"전에 말씀하신 부하라의 새는 그 지역에서는 '아이다스'라고 부른답니다. 학명이나 영어 이름을 찾을 수가 없어서 물어보지 못하고 난감해 하던 중이었습니다. 예전에는 많았는데 환경오염 때문에 지금은 거의 없어졌다고 하고요. 아프가니스탄으로 모두 이동했다고 주민들이 얘기한답니다."

우즈베키스탄에서도 황새들이 줄어들고 있다는 사실을 알려주는 내용인데 터키의 사정은 어떨까? 그야말로 말을 타고 산을 보듯이 다녀온 여행이었으나 내가 관심을 보이자 터키에는 특별히 많은 황새가 서식한다는 사실을 현지인 여행안내 오스만이 들려주었다.


## 터키 여행에서 알아야 할 것들
### - 사회와 문화를 이해하는 데서 출발하자

터키를 가기 전에 여행 안내서를 몇 권 뒤적이며 유의사항들을 메모해놓았다. 그러나 그런 노력은 대부분 허사였다. 그동안 터키 사정이 많이 바뀌었거나 아니면 잠시 들리는 여행객들이 특수한 지역의 특수한 사항만 봤기 때문일지도 모른다.

『나는 걷는다』에서는 행인들을 전혀 배려하지 않고 고속 질주하는 터키의 교통문화를 언급하며 차 조심할 것을 강하게 권고했는데 공감하기 어렵다. 혼자서 시골길까지 걸어 다닌 저자와 달리 우리가 단체 버스를 타고 다니면서 겪은 경험의 차이 때문일지도 모른다. 아니면 터키에서 빠르게 교통질서가 잡혔을 수도 있다.

낯선 자가 권하는 음료수를 받아 마시지 말 것을 충고하는 안내서도 있었다. 친절을 가장하여 수면제를 탄 음료수를 권유하고, 잠들면 지갑과 귀중품을 털어가는 피해를 경험한 사람이 많았다는 뜻이다. 그러나 단체로 다닌 우리에겐 해당되지 않은 기우였다.

붐비는 곳에서는 귀중품을 노리는 소매치기들을 특별히 조심해야 한다는 주의사항도 여러 문헌에 나타난다. 특히 주의력을 흩트려놓고 소매치기를 하는 수법을 소개하며 싸움 구경은 절대로 하지 말도록 당부했다. 일행 중에 소매치기를 경험한 동행자가 없이 일정을 마쳤으니 다행이다.

배탈이 나지 않도록 마실 것과 먹을 것을 조심하라는 충고는 비단길 여행에서 언제나 유효하다. 일행 몇 분은 설사로 고생했으니 마음에 새겨놓아야 할 사항이다. 과일은 껍질을 벗겨서 먹는 것이 좋다. 지난해 이집트에서 심한 설사를 경험했던 나는 지나칠 정도로 조심했고 덕분에 탈 없이 여행을 마쳤다.

조희섭의 글에는 거스름돈으로 위폐를 받았다가 그냥 사용하는 방식으로 해결한 경험을 언급하고 있다. 여러 여행 안내서적에는 음식 값을 몇 십만 리라 냈다는 표현이 많이 있다. 그러나 2005년 1월 1일부터 백만분의 일로 화폐 가치가 떨어졌다. 덕분에 뭉칫돈을 사용해야 하는 번거로움은 없었고 또한 위폐를 받았다는 얘기를 들어보지 못했다.

시리아에 갔을 때 골목과 이웃한 집들이 엄격하게 내부를 감추고 있는 구조가 인상적이었다. 이 구조는 특이하게도 그 후 스위스 북부 알프스의 산골에서 다시 만나게 된다. 깎아지른 급경사지에 차곡차곡 쌓듯이 지은 집들 사이에 한두 사람이 겨우 드나드는 좁은 골목도 인상적이었지만 밖에서는 집 안을 전혀 들여다볼 수 없을 정도로 폐쇄적이었다. 나는 시리아-알프스 사이에 문화적 연결고리가 있을지도 모른다는 생각을 하면서 관심을 두고 있었다. 종교박해를 피해 알프스로 피난을 갔던 사람들이 많다는 이야기를 나중에 읽게 되면서 궁금증은 더욱 증폭되었다. 그러면 시리아를 이웃하고 있는 터키는 어떨까? 그러나 우리 일정에서 그런 집을 살필 수 있는 골목에 접근할 기회를 가지지 못했다. 적은 비용으로 경험한 단체여행인 만큼 빡빡한 일정을 감수해야 했다.

터키 답사로 이제 시안에서 이스탄불까지 이어지는 비단길 노선은 거의 들려본 셈이다. 언젠가 느릿느릿 가볼 준비작업으로 시작한 여정은 이렇게 마무리된다. 그럼에도 불구하고 아직 일부 지형적·군사적 사정 때문에 가보지 못한 구간이 조금 남았고 동에서 서로 가는 길에 만나는 점진적 변화를 이야기할 수준은 아니다.

터키에서는 땅의 표면을 덮고 있는 풍경 안에서 일어나는 에너지 흐름을 환경 여건과 연결시켜 나름대로 정리해본 것이 가장 뿌듯한 일이다. 고도 차이가 큰 땅에서 기후와 지형, 식생분포의 관계라는 매우 고전적인 생태학적 이치를 운이 좋게도 터키 전문가가 정리한 글과 현장 확인으로 공부한 일 또한 즐거운 경험이다. 우리 풍경과 달리 경작지 안에 나무들을 띄엄띄엄 키우는 풍경의 의미를 생각했고, 아울러 인간의 길을 따라 나타나는 씨앗의 전파를 뚜렷하게 드러내고 있는 광경을 목도했다. 이 땅에서 사라져간 종과 설혹 다르긴 하더라도 사람들과 친숙하게 살고 있는 황새의 모습 또한 반가웠다. 조금은 무리한 일정으로 말미암아 생겼던 우려의 마음은 이제 지난 일이고, 터키는 역시 다시 가보고 싶은 땅임을 확인한 사실만으로도 흐뭇하다.

# 바람과 돌과
# 흙의 시원

시리아

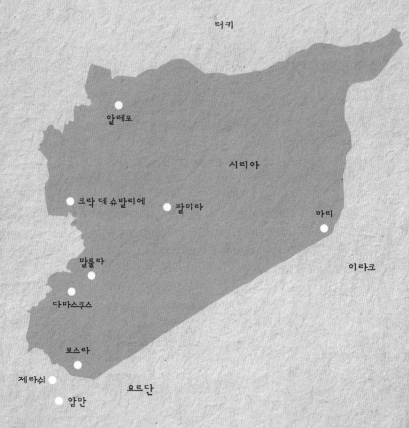

터키

알레포

시리아

크락 데 슈발리에

팔미라

마리

말룰라

이라크

다마스쿠스

보스라

제라쉬

요르단

암만

시리아
여행 경로

시리아 다마스쿠스(2008년 7월 15일) - 말룰라(16일) - 팔미라, 마리(17일) -
아사드댐, 알레포(18일) - 크락 데 슈발리에, 다마스쿠스(19일) - 보스라, 요르단
제라쉬, 암만(20일)

중앙아시아학회가 마련한 '이집트-시리아-요르단 답사'는 2008년 7월에 이루어졌다. 나흘 동안의 이집트 일정이 끝날 무렵 생긴 심한 설사로 나는 녹초가 되어 비행기에 몸을 실어야 했다. 출국 전날 카이로의 한국 음식점에서 먹은 돼지고기 수육이 화근이었다. 도착하자마자 곧장 대학병원으로 직행하여 링거주사를 맞는 창피한 경험으로 시리아를 만났다. 다음 이틀 동안 다마스쿠스의 교회와 십자군 유적지를 주로 둘러보던 일정은 잃어버린 기운을 회복하는 시간이었다.

그리하여 이 글은 다마스쿠스를 떠나는 시간부터 요르단 수도 암만까지 이어지는 노정에서 만난 풍경을 보고 느낀 내용을 담고 있다. 말룰라와 팔미라, 두라 유로포스, 마리, 알레포, 성 시므온교회, 크락 데 슈발리에 성채, 보스라의 유적에서 얻는 이야기들이다.

## 황량한 풍경 속에도 물이 있고 사람이 있네
### - 메마른 땅에서 어떻게 물을 구할까?

### 2008년 7월 16일 수요일

다마스쿠스를 벗어나는 길, 산자락에는 기어오른 집들이 빼곡하다. 우리로 말하면 달동네가 되겠다. 평지의 길 주변에는 그래도 간간이 보이는 녹색 저 너머로, 나무 한 그루 보이지 않는 산비탈을 닮아 달동네 건물 사이에는 녹색이 끼어들 틈이 없는 듯하다. 하기야 저 메마른 고지에 물을 먹어야만 자라는 녹색이 가당키나 하겠는가? 아마도

다마스쿠스 시가의 가장자리 고지대로　　　　다마스쿠스의 골목 풍경
기어오른 회색 달동네 (16일 14:20)

시골을 지나는 대로 주변에
나무를 심어 만든 숲띠
(16일 15:04)

좁은 골목을 사이에 두고 집들이 다닥다닥 붙어 있을 저곳 달동네 물 사정은 사람들이 먼저 찾았던 평지보다 더욱 열악하리라.

이 무렵 나는 잠시 만났던 다마스쿠스의 골목길이 준 강한 인상에 어리둥절한 상태였다. 좁은 골목을 사이에 두고 집들은 하나 같이 작은 출입문 하나만 있을 뿐 사면이 엄중하게 갇혀 있었다. 낱낱의 이웃집들이 바짝 붙어 있고, 폐쇄적인 담으로 둘러쳐진 까닭은 무엇일까? 그 안에 사는 사람과 사람 사이에 놓인 마음의 경계와 거리는 어떨까? 과연 공간과 그 안에 삶을 내린 사람은 얼마나 닮았으며 소통은 가능할까?

버스가 이동하는 방향은 다마스쿠스로부터 동북쪽이다. 이제 내 몸은 배탈로 허물어졌던 국면을 조금씩 벗어나 바깥을 살필 여유를 찾는다. 풍경은 황량해도 한가한 길이 마음에 선사하는 여유라 할까. 차창 밖으로 스쳐가는 가로수는 소나무의 일종이다. '소나무 가로수라! 무슨 연유일까? 이곳 연강우량이 대략 400mm 된다는데 건조에 적응한 수종일까?' 비슷한 시기에 심었을 터인데 나무들은 지면이 볼록한 곳에서는 비틀어졌다. 나무들의 삶이 물로 제한되는 모습이 역력하다. 그나마 계곡 기슭의 오목한 곳에서는 조금 나아 보인다. 낮은 곳은 수분이 오래 유지되니 살 만한 식물은 유기물(부식질)을 생산하고, 유기물이 넉넉한 토양은 더욱 높은 수분보유능력을 갖는다. 이것은 자연의 이치가 그리는 그림이다.

가는 길에 들른 첫 행선지는 말룰라(Maalula)다. 다마스쿠스에서 동북쪽으로 50km 떨어진 이곳은 해발고도 1,650m의 깔라마운 산 정상 가까운 바위 절벽 사이에 자리를 잡았다. 인구 3,000명의 작은 마을 '말룰라'는 아람어로 입구, 높은 곳, 신선한 공기라는 뜻이다. 이곳 마을 사람들은 아직도 예수가 실제로 사용하던 아람어로 말한다. 그 말이 일상어인지 아니면 종교 의식에서만 사용하는지는 모르겠다. 내가 본 적은 없지만 멜 깁슨이 감독한 영화「패션 오브 크라이스트(The Passion of the Christ)」에서 등장하는 이색적인 말이 아람어란다. 우리의 안내를 맡은 손종희 씨가 알려준 설명이다.

손 씨는 요르단 암만에서 여행사를 운영하는 인연으로 우리와 만났다. 1991년 3월, 그녀는 제2의 인생을 펼쳐보려고 그리스에 갔다. 그곳에서 만난 한 요르단 유학생으로부터 도움을 많이 받고, 결혼으로 이어져 새로운 인생을 암만에서 펼치게 되었다. 그녀의 성공적인 활동은 인터넷에서도 확인할 수 있으니 여기서 굳이 길게 소개할 필요는 없겠다.

언덕을 기어올라 전망 좋은 곳에서 차는 잠시 멈춘다. 건너편을 바라보니 역시 집들이 다닥다닥 붙어 있는 말룰라 골짜기는 좁다. 절벽에 굴을 파고 지은 집은 역사가 5,000년쯤 된 곳도 있다고 한다. 마을 뒤쪽을 받치고 있는 벼랑에는 풀 한 포기 보이지 않을 정도로 메마르다. 나는 언제나처럼 이런 건조한 곳에서 사람들이 물을 어떻게 구하는지 궁금했다. "이런 곳에서 물을 어떻게 구해요?" "이제 기운이 나는 모양이네요." 무슨 뜻인지 알아채는 데 시간이 걸릴 정도로 나는 무디어져 있었다. 손 씨는 우리를 만나자마자 나를 병원으로 안내하는 임무를 수행했으니 질문에 대한 첫 대답으로 그럴 만도 하다. "산 뒤에 저수지가 있습니다." 이 높은 곳 뒤에 물을 끌어올 수 있을 정도로 비를 모으는 넓고 더 높은 땅이 있다는 말이다. 바라보는 풍경 속의 지형으로는 수긍하기 어려우나 높고 먼 산은 가까운 언덕에 가려져 있는 모양이다. 그러고 보니 사진 속 골짜기 저 멀리 산꼭대기가 살짝 보인다.

주차장에 내리니 꼬마들이 수도꼭지에 주둥이를 들이대고 있다. '뜨겁고 건조한 날씨 아래 물을 챙기는 아이들이라. 언젠가 이 장면을 쓸 때가 있을 듯한데……' 사진기를 맞추는 동안 녀석들의 동작은 다음 단계로 넘어가 버린다. 아쉽다. 절실한 장면은 놓쳤으니 차선의 장면이라도 잡아놓는 수밖에 없다.

말룰라에서 기독교가 박해를 받던 시절 종교적 신념을 굳건히 지킨 성 세르기우스와 성녀 테클라를 기린 동방교회 소속 성당과 수도원을 잠시 둘러보고, 오늘의 최종 목적지 팔미라(Palmyra)로 길을 잡는다. 팔미라의 위치는 지도에서 시리아 국토 중앙에 가깝다. 서남부 지역의 다마스쿠스를 떠나 계속 지중해가 멀어지는 동북부 지역으로

맞은편 언덕길에서 바라본 말룰라

물을 받는 아이들. 사진에서 교회 출입구는 우리 일행 한두 사람에 의해 가려 있다. (16일 15:43)

이어지는 육로 주변으로 황량한 풍경이 계속된다. 시리아의 서쪽에 있는 높은 산줄기들이 바다로부터 오는 습기를 차단하고 있기 때문이다.

여기서 산줄기란 지중해와 나란히 남북으로 길게 뻗어 있는 레바논산맥(Lebanon Mountains)과 안티레바논산맥(Anti-Lebanon Mountains)을 말한다. 전자는 레바논 중앙에서, 후자는 두 나라의 국경지대에서 남북으로 뻗어 있다. 두 산맥 사이에는 해발고도 1,000m 내외의 베카고원(Beqa'a高原)이 남북 길이 120km, 동서 너비 10km 정도로 차지하고 있다. 지중해에서 불어오는 공기가 해발 3,000m 가량의 두 산맥과 고원지대를 넘으면서 건조해지는 까닭에 동쪽에 있는 시리아의 메마른 풍경이 생긴다.


## 차와 음악이 있는 바그다드 카페 66
– 알렉산더와 칭기즈칸, 그리고 동서 교류

삭막한 사막 길 어딘가에 자리 잡고 있는 바그다드 카페는 한 점 낭만이었다. 그러나 이 낭만이 유지되기 위해 얼마나 넓은 땅이 뒤를 받치고 있는지 생각해보는 사람은 그다지 많지 않은 듯하다. 카페의 주인 가족과 찾아오는 사람들이 쓰는 물과 차, 우유, 먹을거리를 공급하자면 건조한 땅에 흩어져 있는 자원을 자연과 사람의 힘으로 긁어 와야 하고, 일부는 저 먼 지방에서 물자를 옮겨올 것이다. 그런 의미에서 낭만을 일구는 주인장의 활동은 오아시스 삶의 축소판이다. 오아시스가 먼 곳의 물을 기반으로 유지되는 문명세계인 점에서 닮았다는 뜻이다. 이곳의 삶은 본질적으로 외부에 의존하는 구조를 가진 점에서 열린 세계다. 자급자족하는 우리의 농경사회와 대비되는 흐름의 특성을 한눈에 볼 수 있는 그림이 그려지는데 구체적인 표현은 뒤로 미루고 마음에 담아둔다.

조금씩 회복기에 들어선 나는 오랜만에 여유를 누린다. 일행들과 둘러앉아 차를 한 잔 마시는데 문득 음악 소리가 들린다. 시간은 오후 7시, 석양이 가까워진 사막에

찬 기운이 도는 절묘한 순간이다. 언뜻 보니 한 남자가 식용유 빈 깡통처럼 보이는 용기를 잘라 만든 한 줄 현악기를 손에 들었다. 지친 심신으로 다가가 살펴볼 마음은 없다. 그래도 역시 흐르는 음악에 마음은 잔잔하다. 내 귀에는 몇 번 들어본 몽골풍의 가락으로 들린다. 곁에 앉으신 오철환 선생님께 느낌을 말씀드리니 동의하신다. 한때 방송에서 해설을 한 경력이 있을 정도로 음악에 조예가 깊은 분이니 내 짐작은 힘을 얻는다. 지중해가 멀지 않은 시리아 사막에서 듣는 몽골풍 음악, 이 또한 칭기즈칸 후예들이 낳은 동서 교류의 힘이 아닐까?

중앙아시아 비단길 주변에 오면 내 얕은 역사관은 잠시 고개를 든다. 이 지리적 공간 곳곳에 흔적을 남긴 두 사람, 알렉산더와 칭기즈칸에 대한 회의다. 이들의 삶은 그들이 놓인 맥락에서 조명하면, 분명히 흠모해야 할 영웅적인 면모가 있다. 동서 교류의 길을 튼 역할도 분명히 긍정적인 부분이다. 힘든 국면을 타개해 간 그들의 의지와 지도력은 배워야 할 터이다. 그렇다 할지라도 남의 목숨을 피로 물들인 그들의 광적인 삶에도 더 큰 조명이 필요하다. 그런데 역사가들은 언제나 특수한 행위와 성취에만 주목하고, 그들의 배경으로 살아간 수많은 생명들에 대해서는 한 점의 측은지심도 없는 듯하다. 영웅들의 정복욕으로 추풍낙엽처럼 죽어간 이들의 의미를 제대로 기술하는 역사관이 제대로 서지 않는 한 세상은 전쟁을 철저히 준비하고 죽음의 그림을 그리는 이들이 설치는 땅이 될 것이다.

바그다드 카페는 삼형제가 운영한다. 양을 치고 치즈를 만들며 생활을 하다가 바그다드 카페를 열었다. 삭막한 풍경 안에서 계속되는 여정에 잠깐 쉼표를 찍는 시설로는 참으로 안성맞춤인 발상의 산물이다. 차를 마시고 즉석 연주를 듣는 분위기 안에서 한 녀석이 우리의 여성 일행 두 명에게 번갈아 가며 영어로 말을 건다. 주인 삼형제 중 하나로 보이는 녀석의 말을 들어보니 싱거운 구애의 내용이다. "내 아내가 되면 어때? 지금 세 명인데 네번째로." 농담인지 진담인지…….

나오는 발길, 집 앞에 손잡이 빠진 맷돌이 하나 덩그러니 놓여 있다. 암석은 달라도

바그다드 카페에서 만난 맷돌. 왼쪽 사진의 가운데 있는 작은 떨기나무 왼쪽 그늘에 맷돌이 보인다.  김선령 사진

바그다드 카페와
주변 풍경. 66이라는
숫자는 어디서 나왔을까?
간판인 셈인 건물의 뒤로
돌아가면 화장실이 있다.
(16일 18:35) 김선령 사진

바그다드 카페의
연주 장면. 아쉽게도
절묘한 순간에 만난 연주
장면의 초점이 흐리다.

우리네 장치와 크게 달라 보이지 않는다. '비단길이 있다면 맷돌의 길은 없을까?' 문득 드는 생각이다. 저 비슷한 모습이 우연히 곳곳에서 생겼을까? 아니면 어디선가 시작하여 먼 길을 따라 퍼져 갔을까? 나중에 연구실 홈페이지에 게시했던 글을 보고, 미국 아이오와주에 있는 제자가 북미 인디언 부족의 유물 전시회에서 본 것과도 너무 흡사해서 놀랐다고 하니 어떻게 그 먼 길을 따라 이어졌을까 하는 의문은 든다.

바그다드 카페는 아무래도 1987년 만들어졌다는 동일한 제목의 영화에서 착안한 듯하다. 인터넷을 검색해보니 우리나라에도 같은 이름의 카페가 몇 개 있다. 그러나 팔미라 가는 길에 만난 바그다드 카페 66이 대충 짐작한 영화 내용과 훨씬 잘 어울릴 듯하다. 그것은 환경, 곧 주위 분위기 덕분이다.

## 덧없는 영화의 세월이 남긴 팔미라 유적지
– 교역과 교통의 요충지, 팔미라의 역사

### 7월 17일 목요일 맑음

새벽 3시 30분, 이른 새벽에 잠이 깨었다. 시끄럽다. 여러 마리의 개들이 서로 장단을 맞추듯이 짖는 소리다. 사람 사는 동네 어느 곳에나 개는 있다. 그런데 무슨 사연으로 이 깊은 밤중에 집단행동으로 손님의 잠을 깨울까? 나는 다시 잠들지 못하고 오랜만에 현지에서 여행기를 써본다.

하루 일정은 팔미라 유적지에서 시작된다. 팔미라는 '대추야자'를 뜻하는 아랍어 타드무르(Tadmor)를 그리스어로 옮긴 말이다. 타드무르는 또한 나바티안 말로 '기적' 또는 '불가사의'라는 뜻이기도 하여 그렇게 생각하는 사람도 있다. 오늘날 아랍 사람들은 팔미라를 '타마르'라고 불러 정확한 지명의 유래는 옮기는 사람마다 조금씩 다른 것으로 보인다.

팔미라는 다마스쿠스에서 동북쪽으로 240km 떨어진 오아시스 도시다. 일찍부터 사막을 건너던 여행가와 상인들이 물을 공급받고, 향료와 값비싼 돌과 금속, 직물을 팔고 사던 교역도시였다. 이 교역의 길 끝자락이 이집트였다고 하는데 그러면 동쪽은 어디일까? 보통사람들의 눈으로 보면 중국의 시안이겠고, 비단길 전문가 정수일 선생님의 시각으로 보면 경주일 것이다.

"뜨거운 모래사막 한가운데 땅속에서 솟아오른 듯한 환상적인 도시" 추리작가 아가사 크리스티(Agatha Mary Clarissa Christie, 1890~1976)는 팔미라를 그렇게 묘사했다. 오래 전(1996년 7월 24일) 우리처럼 버스로 다마스쿠스에서 출발하여 시리아 사막 땅을 길게 헤치고 찾았던 어느 외국 여행가도 비슷한 느낌이 들었던 모양이다. "헐벗고 삭막한 사막 풍경이 똑같은 불모지인 안티레바논산맥에서 떨어져 나와 끝없이 펼쳐져 있다. 극단적으로 지루한 여행의 끝에 팔미라는 하나의 경이로 자신의 모습을 드러내었다."[1] 지중해에서 일어난 축축한 공기는 안티레바논산맥을 넘으며 습기를 몽땅 빼앗기고 산맥의 동쪽부터 팔미라까지 이르는 길은 건조한 땅이라는 뜻이다. 그런 메마른 땅을 오랫동안 거쳐 왔다면 설혹 시원치 않다고 하더라도 긴 여정 끝에 만나는 오아시스 팔미라는 방문자의 감흥을 낳을 만한 입지를 갖춘 셈이다.

나중에 들르게 될 마리(Mari)에서 발견된 기록에는 팔미라를 기원전 20세기 이스라엘의 솔로몬 왕이 세웠다는 내용의 주장이 있다는데 그것은 잘못된 것이다. 솔로몬은 기원전 20세기에 태어나지도 않았다. 성경에 솔로몬 치정 당시 잠시 팔미라를 다스린 적이 있다는 기록이 있을 뿐이다(열왕기상 9장 18절과 역대하 8장 4절에서 팔미라를 다드몰이라 기록함). 기원전 2000년 무렵 마리 왕국이 팔미라를 다스렸다는 기록도 있다. 뒤에 가나안 사람들과 아람 사람들이 이곳을 차지했다. 지리적으로 교역의 요충지였으니 이웃 나라가 눈독을 들였을 것이다. 팔미라 사람들은 대상들로부터 통행세를 받았고, 강력한 도시국가로 발전했다. 서기 228년 페르시아의 침략을 받았을 때 로마에 지원을 요청했다가 거절 당하기도 했다. 그런 가운데 팔미라 사람들은 오데나투스

---

1  http://weecheng.com/mideast/syria/palmyra1.htm

(Odenathus, 260~267년 재위)의 영도로 페르시아군을 격퇴했다. 오데나 투스는 나중에 동로마 황제 발레리아누스(Publius Licinius Valerianus, 253~260년 재위)를 포로로 잡은 페르시아군을 추격하는 위력을 과시하기도 했던 사람이다.

이 역사는 내가 2년 전에 갔던 이란의 낙쉬 로스탐(Naqsh-i-Rostom) 유적인 절벽 높이 7m, 너비 15m에 이르는 대형 「기마전승도」와 연결된다. 「기마전승도」는 말을 탄 사산조 왕 샤푸르 1세(Shapur I, 242~273년 재위) 앞에 서기 260년 에데사에서 사로잡힌 동로마 황제 발레리아누스가 무릎 꿇고 있는 장면으로, 그의 굴욕적인 사건을 후대 사람들에게 알리는 증거다.

그러나 로마 황제가 어떻게 패배하여 포로가 되었는지는 분명하지 않다. 『로마제국쇠망사』 저자로 잘 알려진 영국의 역사가 에드워드 기번(Edward Gibbon, 1737~1794년)에 의하면 유프라테스강의 방어를 위해 메소포타미아 서쪽 에데사에서 7만의 로마군은 사산 왕조의 군대와 대적했다. 제대로 준비하지 않은 로마군은 포위된 상태에서 역병이 돌아 고생 끝에 투항하게 된다. 발레리아누스 황제는 2년의 포로생활을 보내다가 죽은 것으로 전해진다. 오데나투스가 발레리아누스 황제를 구했다는 이야기도 어딘가 있지만 사실이 아닌 모양이다(고야마 시게키, 283쪽 참고).

팔미라 유적지 위로 아침 햇살이 따가워지기 전에 제법 선선한 바람이 분다. 일행을 발견한 상인들도 바람따라 하나씩 모여든다. 나이가 제법 든 어른도 있고 소년도 있다. 차에서 내려 진입하는 곳은 기념 아치다. 기념 아치는 중심 아치와 각각 벨 신전과 대열주의 주대로를 바라보는 두 개의 낮은 측면 아치로 이루어져 있다. 아치는 셉티미우스 세베루스(Septimius Severus, 193~211년)가 통치하던 서기 3세기 초, 대열주 첫 부분과 두번째 부분의 잘못된 배열을 감추기 위해 만들었다. 여기서 잘못된 배열이란 중심축이 완벽한 직선이 아니고, 살짝 굽어 있는 것을 말한다(안내판에는 30° 굽었다고 해놓음). 차도와 기념 아치 사이에 흩어져 있는 돌들은 덧없는 영화의 세월을 말없이 알려준다.

자세히 보면 아치에 도토리와 참나무 잎, 야자나무 줄기, 그리고 아칸서스 순(acanthus shoot)이 풍부하게 새겨져 있다는데 살펴볼 생각을 하지 못한다. 모범생인 우리 일행은 학교를 갓 들어간 초등학교 신입생처럼 손종희 씨를 따라 곧장 기념아치 아래로 통과하여 중앙도로로 자리를 옮겨갔다. 중앙도로의 규모는 너비 11m에 길이 1.2km 정도 된다. 도로 양쪽으로 기둥이 세워져 있고, 위로 뜨거운 햇빛을 가리는 지붕을 얹은 회랑이 있었다. 하늘을 가리던 지붕은 이제 모두 사라져 이야기를 듣지 않고는 짐작하기도 어려울 지경이다. 회랑 뒤로는 상점들이 있었다는데 역시 설명을 듣지 않고는 원래의 모습을 상상하기 어렵다.

중앙대로 오른쪽에 있는 제노비아 여왕의 목욕탕 입구에는 4개의 화강암 기둥이 서 있다. 색이 분명하지 않지만 분홍색 화강암으로 알려진 이 돌의 원산지는 이집트 아스완 지역이라 한다. 서기 3세기에 그만한 운반력이 있었다는 말인데 그 능력을 어떻게 상상할까? 이 목욕탕은 시리아를 다스린 최후의 로마 총독 소시아누스 히에로데스(Sossianus Hierodes)가 서기 292~303년에 완성했다. 목욕탕은 가로 85m, 세로 51m 크기로 팔각형의 연못과 휴게실 그리고 2m 깊이의 수조에 항상 차가운 물과 따뜻한 물 그리고 뜨거운 물을 유지했다고 안내판이 분명하게 나타내고 있다. 그러나 그 영화를 오늘의 상황에서 믿기가 쉽지 않다. 쉴 새 없이 뜨거운 물을 공급하자면 엄청나게 많은 땔감이 필요했을 터인데 그것을 어떻게 감당했을까? 일찍이 멀지 않은 곳에 숲이 있었다지만, 그런 자연조건이 갖추어지자면 지금보다 넉넉한 빗물의 은혜가 베풀어져야 했을 것이다.

팔미라를 뒤로 하고 데이르 조르(Deir ez Zor) 박물관으로 이동하는 길에 시리아 전 대통령 하페즈 알아사드의 입상이 하나 우뚝 서 있었다. 독재자 하페즈 알아사드는 김일성의 우상화를 배우고 실천한 것으로 알려졌고, 아들에게 권력을 세습했다. 그런 인연으로 지금도 시리아는 북한과 친교를 맺고 있다. 여기 오기 전까지 관심이 없던 일이었지만 현지방문을 위해 공부 삼아 시리아 세습 대통령에 대한 내용을 조금 알아본다.

기념 아치가 보이는 팔미라 유적지 (17일 07:32)

기념 아치로 들어서서 진입로 쪽으로 바라본 중앙대로 (17일 07:42)

시리아 현 대통령 바샤르 알아사드(Bashar al-Assad, 1965년 9월 11일생)는 시리아의 독재자 하페즈 알아사드(Hafez al-Assad) 둘째 아들로 태어났다. 1988년 다마스쿠스대학교 의대를 졸업한 바샤르는 군대에서 내과의를 복무하고, 4년 후 영국에 유학하여 안과 의사가 되었다. 그러나 1994년 그의 형 바실(Basil)이 교통사고로 사망하자 시리아로 불려오게 되었다. 그의 아버지는 바샤르에게 권력을 물려주기 위해 세 가지 지원을 제공했다. 첫째 군대와 안보 조직에서 그에 대한 지원을 강화하고, 둘째 대중에 대한 친숙한 이미지를 조성하며, 셋째 국가통치 메커니즘에 익숙해지도록 했다. 아버지는 사관학교에서 공부한 그에게 1998년에는 레바논에 주둔하던 시리아군을 맡기고, 1999년에는 대령으로 진급시키는 한편 고령자를 퇴역시키고, 젊은 장교들을 진급시켜 그의 지위를 공고하게 다져주었다. 2000년 6월, 30년 동안 시리아를 통치했던 아버지가 죽으면서 바샤르는 그다음 달 임기 7년의 대통령으로 추대받았다.

세습 초기 사람들은 그를 어린애(boy)라고 부르기도 했다니 형과 아버지의 죽음으로 만 35세가 되기 전에 대통령직을 세습한 그에 대한 사람들의 불안감이 살짝 드러난다. 한편 안과를 전공한 이력으로 '닥터 바샤르'로도 불리며 냉철하면서도 겸손한 성격으로 대통령으로서 긍정적인 업적을 남기기도 했다. 그러나 여행을 다녀온 직후 나는 답사기를 정리하며 '과연 지금의 시리아 사태에 현명하게 대응하고, 그의 긍정적인 면모를 이어갈 수 있을까?'라는 메모를 남겨놓았다. 그로부터 6년이 흐른 다음 답사기를 다듬고 있는 시간에는 수많은 국민들을 죽음으로 몰아넣은 그의 행보가 내가 품었던 의문에 대한 답이 되었다.


## 진흙 속에 묻혀 있던 성채가 모습을 드러내다
- 사막의 폼페이, 두라 유로포스

유프라테스강 연안의 두라 유로포스(Dura Europos) 성채로 가는 길은 뜨거웠다. 날씨

탓일까? 버스 제일 뒷자리에 앉았던 나는 우연히 앞서가는 오토바이에 불이 붙는 장면을 목격했다. 오토바이에 두 사람이 타고 있었다. 문득 뒤에 앉은 사람의 다리 사이로 불길이 피어올랐다. 운전자는 오토바이를 재빨리 길바닥에 넘어뜨리고 어디론가 달려갔다. 잠시 후 옆에 있는 건물에서 물을 가지고 나왔다. 두세 번 오고 가는 동작이 급하다. 그러나 우리의 차가 앞지르기를 하는 짧은 순간에 이미 오토바이는 불길에 휩싸여 다시 사용하기에 너무 깊이 무너진 꼴이 되었다. 뜨거운 날씨와 두 사람의 승객이 안기는 과중한 부담을 기계가 견디지 못한 것이 아닐까?

찾아간 두라 유로포스는 토성이다. 강물이 오랜 세월 실어놓은 점토를 이겨 만든 벽돌을 쌓아 올렸다. 일대는 그렇게 세밀한 점토가 퇴적되어 깊은 토심을 이룰 만큼 충분히 평평한 지역이다. 그런 여건으로 이곳은 로마와 페르시아 양쪽이 양보할 수 없는 최전방의 경계가 되었다.

두라 유로포스는 기원전 303년 알렉산더의 후계자인 셀레우시드(Seleucids)가 군사 기지로 건설했다. 성은 동서 교역과 유프라테스강을 따른 교역의 교차점인 유프라테스 동쪽 가파른 강둑 90m 높이 단층애(escarpment)에 자리를 잡았다. 이곳은 기원전 2세기에 파르티아에 합병되면서 동서 교역의 요충지로 발전했다. 165년 로마가 점령했고, 256~257년 사산조의 포위 속에 버려지자 모래와 진흙 속에 묻혀버렸다.

유적지는 오랫동안 땅속에 묻힌 채 기록으로만 전해져 내려왔다. 그러던 중 1차 세계대전 말기의 아랍혁명 기간에 그곳에 머물던 영국군 대령 머피(Murphy)가 처음으로 발견의 실마리를 잡았다. 1920년 3월 30일 참호를 파던 군인이 찬란하게 빛나는 벽화들의 실체를 확인했다. 벽화는 당시 바그다드에 있던 미국 고고학자 브레스테드(James H. Breasted)의 주의를 끌었고, 본격적인 발굴은 1920년대와 1930년대 프랑스와 미국 팀에 의해 이루어졌다. 프란츠 쿠몽(Franz Cumont)이 맡아 1922~1923년 발표한 고고학적 조사보고서는 두라 유로포스를 포함하는 지역과, 여기서 발견된 하나의 신전을 소개했다. 한동안 중단되었던 발굴은 마이클 로스토브체프(Michael

불이 붙은 오토바이. 달리는 버스 뒤 창문을
내다보며 찍었다. (17일 16:13)

두라 유로포스 팔미라 게이트 내부 폐허지 (17일 16:58)

두라 유로포스 팔미라 게이트

Rostovtzeff)의 감독으로 비용이 바닥난 1937년까지 계속되었다. 2차 세계대전으로 중단되었던 발굴은 피에르 레리체(Pierre Leriche)의 감독으로 1986년부터 재개되었다.

256년 사산조의 마지막 포위망 속에 있던 당시 로마 수비대가 사용했던 갑옷과 투구, 무기가 놀라울 정도의 양호한 보존 상태로 발견되었다. 그림이 그려진 목재방패와 마구가 도시가 파괴되던 바로 그 당시의 모습으로 보존되어 있어 두라 유로포스를 사막의 폼페이(Pompeii of the desert)라고 기자들이 지칭할 정도였다.

우리가 찾아간 주차장에는 아무것도 보이지 않고 불모지에 가까운 땅과 어우러진 햇살이 우리의 머리 위로 작열했다. 팔미라 게이트(Palmyra Gate)로 알려진 동문 진입로는 잠겨 있다. 용감한 일행은 허물어져 경사를 이룬 토성을 거침없이 타고 올라 사진을 찍는다. 그러면 안 되건만 방치된 유적 곁에서 사람의 이성도 방치되는 모양이다. 성 내부는 더욱 처참하게 허물어져 있어 어디가 어딘지 분간하기 힘들다. 이 형편은 중앙아시아 일대 흙으로 만들어진 유적들의 공통적인 운명으로 보인다. 그나마 비가 자주 오지 않은 편이니 다행이지만 바람의 영향은 어떤지 모를 일이다.

유적지로의 불편한 접근은 답사 포기의 핑계가 된다. 따가운 햇볕은 이미 답사객의 마음을 풀어놓았다. 남아 있는 유적지의 모습도 더는 매력을 끌어내지 못한다. 나는 성벽 위에서 찍은 사진 몇 장을 방문의 징표로 만족했다.


## 흥망의 시간 속에 사라졌던 도시의 흔적
- 마리 유적지에서 고대 지도가 새로 그려지다

현재 지명이 텔 하리리인 마리 유적지는 데이르 조르에서 동남쪽으로 120km, 두라 유라포스에서 남쪽으로 30km 정도 떨어져 있다. 이라크 국경에서 약 11km 떨어진 곳이다. 마리는 고대부터 군사·상업상의 주요거점으로 발전하였다. 마리는 지리적으로 걸프만과 지중해를 잇는 해상무역의 통로에 자리 잡아 중국의 비단을 중개무역 하던 곳이다.

기원전 4000년대에 셈족(Semitic people)에 의해 세워진 마리는 메소포타미아 도시와 시리아 북부 도시 사이에 있어 전략적인 요충지였다. 시리아 북부에서 생산되던 목재와 돌 등의 건축재가 필요한 수메르인들에게 마리는 거쳐야 할 통로였다. 이 입지는 마리의 초기 황금기를 안겨주는 기회가 되었다. 그런 마리는 기원전 24세기 아카드의 사르곤(Sargon of Akkad) 또는 에블라이테스(Eblaites)에 의해 파괴되어 작은 마을로 전락하는 신세가 된다.

마리는 기원전 1900년에 아모리 왕조(Amorite dynasty) 때 다시 한 번 부흥했으나 결국 바빌론의 6대 왕 함무라비(Hammurabi)에 의해 기원전 1759년 무렵 멸망했다. 이후 아시리아인과 바빌로니아인들이 간헐적으로 거주했고, 한때 역사에서 사라지기도 했다.

마리 유적지는 1933년 8월 농부가 밭을 갈다가 우연히 300kg이 넘는 거대한 머리 없는 석상을 발견함으로써 세상에 모습을 드러내었다. 석상은 샤마쉬라 부르는 마리의 수호신인 태양신이다. 그해 프랑스 고고학자 앙드레 파로(Andre Parrott)가 발굴 작업을 시작하여 1960년까지 계속했다.

유적지에서 우르 제1왕조의 비보(秘寶), 기원전 3000년대 후반의 신전과 기원전 18~17세기의 신전과 왕궁, 신(新)아시리아 시대의 지구라트(신전)가 발굴되었다. 기원전 18세기의 짐리림 왕 시대에 축조된 왕궁은 방의 수가 약 300개에 이를 정도로 주변 국가에 위세를 떨쳤다. 이 무렵(대략 기원전 1780년)에 만들어진 25,000장 이상의 쐐기 문자 점토판은 귀중한 사료다. 그 안에 왕궁 수리가 어렵고 주민들이 불을 지피기조차 곤란할 지경이라는 기록을 남겨 당시의 숲 환경과 목재 사정을 엿보게 한다. 앙드레 파로는 흔히 '마리 문서'라고 하는 사료를 발견하는 쾌거를 이뤘다. 그는 이렇게 말했다. "마리 문서는 고대 근동의 역사 연대를 완전히 바꾸어놓았고, 500개 이상의 새로운 지명을 밝혀주었다. 이것은 고대 세계의 지도를 새로 그리도록 하기에 충분하다."

마리 유적지에서는 이 밖에도 메소포타미아의 가장 오래 된 벽화와 신상(神像), 조각, 장신구, 도기 등이 출토되었다. 마리는 농산물과 목각, 금 세공품, 프레스코 그림으로 유명하다. 나무와 청금석을 수입하여 조각과 보석을 만들어 수출하기도 했다. 궁궐 창고에서 많은 청금석이 나왔다. 농부가 발견한 석상 아래 신전이 있었고, 가슴에 '나는 마리의 왕 롱기 마리(Longi-Mari)'라는 글을 새긴 다른 석상도 발견되었다.

그러나 지금 밭 가운데 남아 있는 마리 유적지는 처량하다. 유적지 위에 비바람을 가리는 시설을 갖추기는 했다. 우리는 발굴 작업으로 파 놓은 좁은 통로를 따라 빠르게 일정을 마쳤다. 통로는 미로처럼 얽혀 있다. 그리고 여러 개의 집들이 얽혀 있어, 방문자의 공간 판단을 혼미하게 하는 구조는 이곳 주택지의 특징인 모양이다. 더위 때문에 얽어 놓았을까? 잦은 침략을 겪은 거주민들이 이방인의 판단을 흐트리기 위해 그런 공간을 만든 것이 아닐까?

아직은 마리를 찾는 이들이 그렇게 많지 않은가 보다. 주차장 주변에 가게가 하나밖에 보이지 않는다. 우리는 그 가게에 들러 뜨거운 날씨 속에서 뜨거운 차를 마셨다. 이열치열을 실감한다. 뜨거운 차가 들어가니 배가 한결 편하다. 아직도 조심스럽지만, 다행히 배탈은 이제 내 몸에서 물러간 듯하다.

데이르 조르로 돌아오는 길에 차창 밖으로 결혼 행렬을 3번 보았다. 그러나 빠르게 달리는 버스 뒷자리에 앉은 나는 사진 찍기에 실패했다. 뒷면 유리창에 먼지가 말라붙어 있어 시야를 흐린다. 관광객의 눈에는 이집트에서 봤던 모습과 별로 다르지 않다. 이곳 사람들은 결혼식을 주로 여름에 한다고 들었다. 그리고 더운 날씨를 피해 저녁 무렵에 하는 모양이다. 안내 손종희 씨가 설명했다. 첫날은 그렇게 동네를 돌고 초대받은 손님들만 참여한 결혼식을 한다. 둘째 날은 동네 사람들이 모여 음식을 나누는 정도로 축하연을 연다. 길 위의 축제는 우리가 가난한 마을을 지나고 있다는 사실을 넌지시 알리고 있다.

마리 유적지 (17일 17:53)

마리 유적지에서 차를 나누어 마신 가게 (17일 18:04)

# 버스 안에서 이어진 짧은 강의
– 무엇이 문명의 발달과 쇠퇴를 이끄는가?

## 7월 18일 금요일 맑음

아침 7시 30분 호텔을 나섰다. 데이르 조르를 떠나 알레포로 향하는 길의 방향은 유프라테스강의 흐름 방향을 거슬러 가는 북서쪽이다. 강은 도로의 오른쪽 저편 아래로 감추어져 있겠다. 한 시간을 달리니 문득 하늘에 먼지가 자욱하다. 어디선가 먼지를 날려 올리는 바람이 부는 모양이다. 오전 목적지까지 이동하는 거리가 꽤 된다. 이 시간 다시 시작된 버스 안의 강의에서 다루어진 몇 가지 짧은 주제들이 흥미롭다.

김천호 선생님, 문명은 음식과 함께 시작되었다고 선언하신다. 공감이 간다. 기본적으로 문화 활동이 먹을거리가 갖추어지지 않은 상황에서 가능하겠는가? 문명이 메소포타미아에서 시작했다면 먹을거리 또한 그 문명을 받쳐주어야 하지 않겠는가? 벼와 밀이 이 동네에서 시작되었을 가능성이 있다. 그리고 중국 사람의 손으로 처음 만들어진 국수가 이웃 지역으로 퍼져간 길도 있었을 터이다. 초원지대 사람들이 방목으로 자연스럽게 동물을 잡아먹는 문화가 발달했다는 사실을 지적하신다. 배탈이 나고부터 버스의 뒷자리에서 가까이 앉아 여행을 함께 한 정재훈 교수는 일찍이 몽골인들이 고려인들의 세련되지 못한 도살 태도에 아연실색했다는 말을 덧붙인다. 문외한인 나는 그럴 수도 있겠다는 생각이 든다. 방목으로 삶을 꾸려가던 몽골인과 채식 위주이던 고려인의 가축에 대한 태도와 가축을 다루던 솜씨는 웬만큼 다르지 않았겠는가?

정재훈 교수는 문자를 권위의 상징이라 했다. 일찍이 글을 배운 사람들은 주로 지배계층에 속했고, 학문을 통해 획득한 그들의 정보 독점은 권위를 유지하는 데 작용했다. 그런 문자가 시리아 일대에서 시작하여 이란 – 위구르 – 몽골 – 청나라를 거친 문자의 길이 있다고 한다. 나는 어디선가 본 아랍어 간판이 중국 자금성에서 본 청나라 현판과 매우 흡사하다는 인상을 받은 적이 있다. 그렇다면 원나라 글자를 참고한 것으로 추측되는 우리의 한글은 아랍어와 어떤 연결고리가 있을까?

중국현대사를 전공하는 강명희 교수는 환경과 문명에 대한 교양 강의를 하면서 관개시설이 문명의 쇠퇴를 불러온 사실을 언급했다. 경사가 가파른 티그리스강과 길고 완만한 유프라테스강이 낳는 물 흐름의 차이는 주변 사람들의 의식에 변화를 주었단다. 그럴 가능성은 충분히 있겠다. 지도에서 강의 길이를 대략 보면 바그다드 부근에서 만나는 두 강은 하류에서는 비슷한 거리를 이동하지만 상류에서는 에둘러가는 거리가 꽤 다르다. 먼 거리를 돌아가는 유프라테스강은 흐름이 느릴 것이다. 나날이 만나는 풍경과 함께 물길의 경로 차이가 만드는 유속의 차이가 그 안에 살아가는 사람들의 실제 삶과 심성에 영향을 미칠 것은 분명하다. 구체적으로 어떤 차이를 유발했을까? 흥미로운 주제다.

중국 한대 이전의 역사를 전공하는 이명화 교수는 잦은 홍수에 피해를 입는 사람들은 비관적인 특성이 강하며, 중국은 종교적이 아닌 인문적으로 주어진 문제를 대처했다고 지적한다. 중국의 고전들은 과연 그러했다. 간명하지만 귀담아들을 만한 지적이다.

인류학을 전공하고 한국국제협력단에서 해외협력사업들을 경험한 이태주 교수는 현지의 삶에 관심을 두며 살핀 내용을 전달했다. 무엇보다 지역전문가가 없는 상황에서 제대로 개발되지 않은 우리나라 대외 원조의 내용과 프로그램에 대한 반성이 필요하다. 남성 위주의 아랍권에서 여성의 지위는 과연 어느 정도일까? 어디를 가든 지붕을 가득 메우는 위성안테나로 전달되는 정보가 앞으로 여성들을 어떻게 바꾸어놓을까?

풍성한 강의가 진행되는 동안 버스는 양들의 벌판 사이로 열심히 달린다. 차창 밖으로 내다보는 풍경에 가로수가 빈약하다. 가난이 그리는 그림의 특색일까? 먹고 살아가기 바쁜 일상으로 가로수를 가꿀 공동체 의식도 지배 계급의 여력도 없는 상황을 말하는 것인가?

양 떼가 있는 풍경

# 에메랄드빛 강물이 넘실대는 유프라테스강
## - 아사드댐은 사막의 보물로 남을 수 있을까?

중간 기착지 아사드(Assad)댐에 도착한 때는 10시 30분이 채 안 된 시각이었다. 허용된 관람이긴 하나 버스가 유프라테스강의 중간을 막은 댐 위를 천천히 지나가며 주변 풍경을 사진에 담는 것이 전부다. 댐의 양쪽 끝에 군인이 지키고 있어 안내인의 신호에 따라 카메라를 감추어야 할 정도로 삼엄한 분위기다. 호수의 물은 에메랄드빛처럼 맑아 눈부시다. 메마른 땅을 스쳐온 물은 일반적으로 깨끗한 편이다. 넘실거리던 강물에

딸려온 모래들은 바닥에 가라앉았을 것이고, 메마른 토양에서 씻겨올 영양소가 적으니 빈영양호가 된다. 댐 하류에 넓은 땅을 남겨 습지가 이루어졌다. 넉넉해 보인다. 경사가 급하고 좁은 산지 계곡에 만들어 배출수의 강한 흐름으로 댐 바로 아래쪽 바닥을 몽땅 씻어 내리는 우리의 댐과는 성격이 다른 모양이다.

유프라테스강은 길이 2,400km로 서아시아에서 가장 긴 강이다. 터키의 아나톨리아 산지에 시원을 두고 있는 유프라테스강은 1년에 두 번 범람한다. 한 번은 4~5월에 겨우내 산지에 쌓였던 눈이 녹아 생기는 물이, 다음 번은 11월에 산지에 내린 비가 모여 홍수를 일으킨다. 강이 범람하면 주변 농경지를 쓸어가고, 인명과 가축 그리고 마을에 피해를 주곤 했다. 그러나 범람은 터키의 유기물을 시리아 서북부 유프라테스강과 티그리스강 사이의 알 자지라(아랍어로 섬이라는 뜻)로 운반하여 시리아의 곡창지대를 만드는 은혜도 베푼다.

1967년 '6일 전쟁'으로 알려진 제3차 중동전쟁 때 국방부 장관이었고, 1969년과 1970년 사이 정권을 잡아 시리아의 철권통치자가 된 하페즈 알아사드(Hafez al-Assad)는 유프라테스강 상류에 댐(Tabaqah Dam) 축조 계획을 세웠다. 3년 후 타바카에서 공사를 시작하여 1973년 물을 채울 수 있는 공정을 거쳤다. 그렇게 하여 길이 80km, 평균 너비 8km의 아사드호(Buhayrat al Assad)가 생겼다. 댐은 해마다 겪던 홍수를 막고, 관개로 시리아 사막을 목화밭과 밀밭으로 바꾸고, 수력발전으로 전기를 공급하는 보물이 되었다.

어쩌면 사막이 국토의 넓은 면적을 차지하는 시리아에서 댐은 삶을 풍요롭게 하는 대안인지도 모른다. 그러나 오래 전에 유프라테스강 하류에 번영했던 메소포타미아 문명이 관개 농업에 의한 토양염화로 기가 꺾였다는 환경역사를 고려하면 그렇게 간단한 문제는 아니다. 강수량을 훨씬 초과하는 증발량이 일어나는 지역에서 긴 세월에 걸쳐 관개를 하면 민물에 포함된 소금기가 땅에 서서히 축적된다. 이런 현상을 2년 전에 내몽골 쿠부치사막 주변에서도 확인했다. 작년 여름 들렀던 투루판 베제클리크 석

아사드댐 호수의 물빛과 하류 습지

굴 진입로 부근에도 부분적으로 토양 표면에 하얗게 농축된 소금기를 목격했다.

저마다 만드는 댐이 개별적으로는 혜택을 안겨줄지 모르지만 지구 차원에서는 또 다른 문제를 일으킨다. 대부분의 댐은 육지 면적이 넓은 북반구에 쏠려 물을 채우면서 지구의 무게중심과 자전축을 바꿀 정도라는 권위 있는 논문도 있다. 그런 만큼 장기적으로 대규모 댐 건설이 지구환경에 어떤 문제를 야기하게 될지 아직 불분명하다.

인구 200만인 시리아 제2의 도시 알레포는 구시가지가 유네스코의 세계유산에 등재될 정도로 유서 깊은 땅이다. 알레포에는 구석기시대부터 사람들이 살았다. 기원전 3000년 무렵에는 아랍어로 우유라는 뜻의 '할립'이라는 이름으로 알려졌다. 아브라함이 알레포 성채가 자리 잡은 언덕에서 짠 젖을 사람들에게 나누어 준 것에서 유래되었다는 말이 있다. 기원전 2000년 무렵에는 아모리인이 세운 얌카드 왕국의 수도였다.

그리스와 로마 시대를 거쳐 비잔틴과 아랍, 십자군 시대에 알레포 성채는 요새가 되었다. 지금 남아 있는 성채는 12세기 이 지역에서 십자군을 몰아낸 아랍의 영웅 살라딘의 아들 앗 조헤르 가하지가 세운 모습을 간직하고 있다.

알레포에 도착하자마자 국립박물관에 들렀다. 주변 도로에는 가죽나무와 회화나무, 멀구슬나무가 심겨 있다. 더운 날씨에 냉방 장치도 없었고, 내부 수리 중으로 유물들이 제대로 정리되지 않았다. 권영필 선생님은 박물관 관리에 절망감을 드러내셨다. 그런 정도이니 나와 같은 문외한은 건질 것이 더욱 없다. 사진 촬영조차 금지되어 쐐기문자판 모조품을 하나 기념품으로 사서 방문 증표로 삼는다.

알레포 성채 입구에는 더운 날씨에도 불구하고 많은 소년들이 놀고 있다. 성 입구 앞에 있는 넓은 공간 덕분일 것이다. 성채를 향해 사진기 방향을 잡고 있는데 소년 한 떼가 몰려와 앞을 가린다. 지친 내게는 조금 성가신 노릇이지만 그들의 장단에 맞추기로 했다. 덕분에 소년들의 힘찬 기운이 전해져 온다.

알레포 성채 원형극장 위쪽에는 넓은 공간을 두고, 멀구슬나무를 심어 그늘을 마련해놓았다. 더위에 지친 나는 잠시 나무 그늘에서 쉬기로 했다. 저만치 아버지와 딸

국립박물관

도로의 멀구슬나무 가로수

해자가 있는 알레포 성채 (18일 15:21)

사진기 앞에 몰려든 소년들 (18일 15:27)

멀구슬나무 광장

원형극장. 계단을 내려가는 사람들은 우리 일행이다.

그리고 두 아들이 지나간다. 덧니 소녀는 아버지와 동생들 뒤로 몸을 숨기고 가만히 나를 훔쳐본다. 이방인이 신기한 모양이다. 호기심을 드러내는 모습이 귀엽다. 그렇게 알레포 소녀를 따라가던 눈길을 접고 이제 나는 먼저 간 일행을 따라가야 할 시간이다. 그들은 원형 건물로 들어간 듯하다.

## 이국에서 스치는 인연을 마음에 담다
### – 인정의 깊이는 줄고 인연의 수명은 짧다

원형극장 관람석을 지나 제법 내리막길을 걸었다. 사라진 일행을 쫓아 좁은 통로를 따라 밀폐된 공간으로 들어섰다. 뒤에 처진 나는 안내도 듣지 못하고 좁은 입구로 빨려 들어오는 빛에 사진기 방향을 맞추고 있었다. 문득 조금 전에 스쳐 갔던 가족이 기역자 입구를 꺾어서 렌즈 안으로 들어선다. 소녀는 흠칫 놀란 듯이 기역자로 꺾인 부분 뒤로 몸을 숨긴다. 잠시 후 가만히 고개만 내밀고 있다. 찍은 사진을 보니 초점이 제대로 맞지 않았다. 사진 속에는 그 가족과 얘기를 나누는 듯이 보이는 손종희 씨 모습도 담겨 있다. 어떻게 된 일인지 사진 속의 장면들이 기억에 없다. 사진과 답사기 초고를 손 씨에게 보내어 아래와 같은 답을 받았다.

그 의문의 사진은 알레포 성 안에서 제가 가장 좋아하는, 그래서 꼭 손님들에게 보여 주고 싶은 곳이거든요. 바로 목욕탕이랍니다. 그런데 그 목욕탕 문이 잠겨 있는 거예요. 원래 알레포 성 입장할 때 출입구 사무실에서 열쇠를 받아 와야 하는데 무척이나 일을 못해서 무척이나 맘에 안 들었던 시리아 현지 영어 가이드가 그곳에 가면 관리인이 있다고 우기는 거예요. 그리고 출입 사무실 직원도 우기고, 전 열쇠를 달라고 우기고, 하도 장담을 하길래 그냥 갔는데 결국 관리인이 없는 거예요. 그래서 지금 찍힌 현장에 가서 짜증을 부리고 있는 겁니다. 의자를 좀 걷어차고 싶었는데……. 그때 그 가족이 나타났고 전 특정인을 상대로가 아니라 그냥 "관리인 혹시 봤냐?" 하고 물어보고 있고, 또 막 하소연, 불평 같은 것을 하고 있었어요. 속사정을 보면 절대 예쁜 사진은 아닌데요. 진짜 그 예쁜 목욕탕을 못 보여드려 얼마나 짜증이 났는데요.

손종희 씨가 우리에게 보여주고 싶었다는 예쁜 목욕탕을 보지 못하고 나왔다는 조금 허무한 내용인데 현지에서는 전혀 눈치채지 못했던 일이다. 어쩐지 시리아인 아버지와 작은 아들이 사진 속에서 그 순간 왜 모자를 벗고 조금은 긴장하는 모습인가 했더니 이제야 짐작이 간다. 우리의 당찬 안내인에게서 뿜어 나온 분위기가 심상치 않았으리라!

그렇게 목욕탕을 보지 못한 채 나는 곧장 좁은 통로를 지나쳐 나왔다. 몸을 비키는 동안 애들의 아버지는 내 눈을 바라보며 고개를 까딱한다. 나도 그렇게 답례를 보냈다. 웃고 있는 소녀의 덧니가 두드러진다. 소년들의 표정은 무덤덤하다. 완전히 노천으로 나온 다음 나는 문득 그들과 함께 사진이라도 찍어두고 싶다는 마음이 들었다. 몇 미터 떨어져 쉬고 있는 김선령 씨(안내인 손종희 씨를 12년 전 그리스 여행에서 만나 알고 지내는 지기로 시리아에서 합류한 촬영기사)에게 내 뜻을 전달해본다. 그런데 그들이 다가온다. 김 씨에게 뭐라고 말을 건다. 사진을 함께 찍고 싶다는 뜻이란다. 그렇게 해서 소년과 소녀 그리고 김 씨와 함께 사진기 앞에 자세를 잡았다.

그때야 아버지가 약간 서툰 영어로 말을 걸었다. 사진을 보내달라는 뜻으로 짐작된다. 나는 물었다. "이메일 주소가 있어요?" "아니오." 2년 전, 이란 이스파한 아침 산보길에서 만났던 소녀 가족이 생각났다. 그들에게 사진을 부쳐주었지만 이란 현지 안내인이 전해주지 않았다는 사실을 나중에 국제전화로 확인했고 그렇게 인연은 끝났다. 이번에는 좀 더 확실하게 해두고 싶었지만 좋은 대안이 얼른 생각나지 않았다. 수첩에 일단 아랍어로 주소를 받았다. '복사해서 편지를 보내면 되겠지.'

성채를 나온 우리는 잠깐 시장에서 흩어진 일행을 모으는 데 시간을 보냈다. 소년

시리아 가족과 손종희 씨

알레포 성채에서 만난 시리아 남매와 함께 이명화 사진

들이 떼를 지어 따라다니며 호기심의 눈동자를 반짝인다. 나는 살 만한 물건을 만나지는 못하고 주변을 두리번거리며 일행을 기다렸다. 그런데 흩어진 일행은 세워둔 버스로 먼저 갔다는 전갈이 온다. 우리도 자리를 옮겼다. 금요일이라 문을 닫은 가게가 많아 마지막 일정이 취소되었다는 소식도 함께 왔다. 일행의 반응은 한 가지다. "이런 날도 있어야지."

버스에 이르자 아버지와 자녀들이 다시 내 눈앞에 나타났다. "나를 기억해요?" 서툰 영어 표현이다. "물론이지요." 소녀와 두 소년이 눈을 반짝이며 바라보고 있다. "주소를 적어주세요. 연락을 하고 싶어요." 누구의 뜻이 아버지의 입을 통해서 표현되는 것인 줄 짐작하겠다. "잠깐만요. 버스에서 명함을 가져올게요." 명함을 건넸다. "사진을 인화해서 제가 보내드릴 겁니다."

이 작은 사건 하나로 그동안 쌓인 피로가 씻긴다. 수많은 여정에서 셀 수 없이 많은 사람들을 만났다. 그 인연이 이어진 일은 많지 않다. 여러 가지 교섭 수단의 발달로 만남의 기회는 훨씬 많아졌지만, 인정의 깊이가 줄어들고 인연의 수명이 짧아진 현대인의 삶에 회의를 품은 지 오래되었다. 그런 중에 이국의 사람과 인사를 나누고 연락을 약속한다. 한국과 소통이 적은 나라, 시리아 사람과의 인연은 특별히 마음에 남을 듯하다.

그러나 나중에 사진 전달은 생각만큼 원활하지 않았다. 돌아온 다음 얼마 지나지 않아 우리가 갔던 곳을 들른 지기들의 여행길에 도움이 될 만한 정보와 함께 사진을 보냈다. 그들은 손종회 씨의 도움을 받고 사진도 전달했다. 받은 사진을 요르단에서 시리아로 우송했다는 연락도 받았다. 그러나 시간이 지난 다음 손 씨가 시리아 사람들과 통화를 했으나 사진은 받지 못했다는 대답을 듣는다. 수년이 지나고 내전으로 알레포의 많은 사람들이 목숨을 잃었다는 외신을 들으며 나는 그들의 안녕을 빌 뿐 달리 할 수 있는 일이 없다.

# 바람과 돌뿐이지만 농사를 짓고 수확을 하고
## – 시리아 제2의 도시, 그리고 돌산의 풍경

### 7월 19일 토요일 맑음

전날 일찍 하루 일을 끝낸 덕분에 아침에 여유가 생긴다. 장소를 옮겨가기에 바빴던 일정에 모처럼 가져보는 나만의 소중한 시간이다. 밀린 자료를 잠시 정리할 기회도 가진다. 호텔 창문을 내다보면 멀리 알레포 성이 보인다. 평지 가운데 솟아오른 언덕에 성을 세운 것이 분명하다. 성곽 주변을 제법 넓게 파서 해자를 만든 것은 현장에서 보았다.

아침식사를 하기 전에 잠시 호텔 앞으로 나가본다. 건물 옆에 붙은 승강기 유리창 밖으로 아파트 옥상에 놓인 안테나가 어지럽다. 이제 더 이상의 설명이 필요 없겠으나 이 사회와 안테나의 관계가 적나라하게 드러나는 장면이다. 저 어지러운 안테나를 하나로 모을 방안도 있을 법한데……. 이미 만들어진 구조이니 그러자면 시일이 걸리리라. 어쩌면 우리네 아파트 벽을 볼썽사납게 만드는 수많은 에어컨의 한 부분처럼 뾰족한 수가 없이 그렇게 두고 볼 수밖에 없을지도 모르겠다. 전혀 아름답지 않은, 옥외로 밀려나온 안테나들과 함께 역시 세습 대통령 부자의 커다란 초상화가 걸린 아파트 벽면이 측은하다. 시리아 제2의 도시지만 호텔 주변의 아파트에는 가난의 때가 덕지덕지 붙어 있는 풍경이다.

가로수와 중앙분리대에는 내가 알 만한 도시의 식물들이 꽤 있다. 강수량이 600mm 정도로, 우리나라와는 차이가 있고 또 지리적으로 멀리 떨어져 있지만 도시의 식물들은 크게 다르지 않다. 종려는 이곳 기후에서 흔한 식물이다. 특이하게도 가죽나무가 가로수로 꽤 많이 심겨 있다. 물푸레나무와 회화나무, 뽕나무도 눈에 띈다. 중앙분리대에는 파피루스처럼 보이는 초본식물과 편백나무, 협죽도, 배롱나무도 있고, 사철나무는 울타리로 이용되었다. 이 메모는 도시마다 가로수와 조경수가 어느 정도 구분되는 특성을 보일 것으로 가정하고 시작했으나, 바쁜 일정으로 충실하게 살피지 않아

도시 위에 솟아 있는 알레포 성

호텔 주변 아파트 옥상의 안테나와 에어컨 (19일 07:09)

수확. 마을과 밭 사이에 듬성듬성 있는 올리브나무

돌산 (19일 08:56)

비교는 하지 못한다. 내 여행에 더 여유가 보태져야 풀 수 있는 뒷날의 과제가 되었다.

이제 알레포를 떠나 남쪽으로 가는 길이다. 버스 안에서 찾아갈 성 시므온교회 부근의 도시에 대한 간단한 소개가 있었다. 시리아 북서부가 되는 이 지역은 한때 비잔틴 문화가 융성하고, 포도주로 유명했던 시절이 있었다. 그런 도시는 아랍의 점령으로 죽음의 도시로 변한 고난의 역사를 겪었다. 이슬람교의 금주 교리에 따라 중심산업이던 포도주 생산은 직격타를 맞았다. 이슬람교에서는 사람의 그림이 있는 화폐 사용을 금지하기 때문에 자기들의 화폐를 쓸 수 없게 된 비잔틴 제국의 상인들은 자멸했다는 말도 있다. 종교라는 커다란 지붕 아래서 다른 생각과 삶의 방식을 가진 사람들은 견디기 어려운 상황이 발생하고, 그만큼 반발심도 쌓였을 일면을 짐작하게 해주는 내용이다.

차창 밖으로 지나가는 풍경이 내 눈에는 그야말로 이채롭다. 사람들이 이용하기에 어려운 돌산에는 측백나무 또는 편백나무숲이 보인다. 가끔 그런 식물들도 감히 다가가지 못해 바위투성이로 남겨진 넓은 땅도 있지만 풍경에 비바람의 공격을 받은 흔적이 역력하다. 그 풍경 속으로 사람들의 그림이 파고든 셈이다. 언덕 위에 집들이 자리를 잡은 사람들의 공간과 군데군데 올리브 밭이 차지한 완만한 구릉지, 무엇을 가꾸고 있는지 버스 속에서는 헤아리기 어려운 밭이다. 밭들은 아마도 밀과 채소들의 차지리라. 가끔씩 땅의 결실을 수확하는 농부들이 보인다. 특이한 것은 남성들은 거의 보이지 않고 밭에는 여성들과 어린애들만 있다. 이것은 이 나라의 어떤 풍습을 말하고 있는가?

오전 9시, 마을로 들어서기 전 내게는 매우 이색적인 모습의 돌산이 차창 밖으로 지나가더니 곧 집들이 드물게 나타나는 돌무더기 언덕으로 변한다. 그 위로 제비 두 마리가 날아간다. '논도 없는데 제비가 맞기는 맞나? 잘못 봤는지도 모르겠다. 날아가는 모습은 맞는데 지금껏 보지 못하던 제비가 이 동네에 있으려고…….' '칼새일지도 모르겠다. 작년 중국 시안의 저녁 종루 주변을 맴돌던 수많은 칼새도 처음에는 제비인 줄 알았지.' 내가 본 새가 제비가 맞다면 우리네 시골 제비와는 뭔가 다른 삶의 전략이 있

겠다. 자료를 찾아보니 시리아에는 전 세계에 있는 75종의 제비 중에서 6종이 발견된다고 한다.[2]

# 성 시므온교회에서 먼 풍광을 내려다보다
## - 메마른 돌산에 살아남은 나무들

차가 언덕을 기어오르니 보이는 이곳에 손종희 씨는 '에자네 마을'이라는 이름을 붙여준다. 차창 밖으로 언뜻 '다레트 에자(Daret Ezzah)'라는 영문 간판이 스쳐갔다. 시리아 어법은 모르겠으나 마을 이름을 연음으로 읽으면 'Dal-al Ezzah'처럼 들리고 'Dal'은 집이라는 뜻이라 '에자네 집'이 된다고 지어낸 농담이란다. 마을 이름을 기억하는 데 도움이 되는 설명이었다.

에자네 마을에 지금은 쿠르드족이 많이 산다. 헐렁한 전통바지를 입은 쿠르드인 남자가 막 우리 버스 옆으로 지나간다는데 뒷자리에 앉은 내게는 보이지 않는다. 나는 2년 전 이란에서 만났던 쿠르드인을 떠올렸다. 강인해 보이는 얼굴 골격과 몸집이 눈에 선하다.

손종희 씨는 잠시 이 곳에 사는 쿠르드인들의 역사를 소개했다. 쿠르드인은 이 땅에 몰려온 여러 큰 세력에 밀려 고산지대에 삶의 터를 잡았다. 나는 문득 그들이 자신들의 삶 주변에 널려 있는 소나무, 측백나무와 닮았다는 생각을 한다. 다시 차 안에서 발표할 기회가 생긴다면 이런 비유를 한번 소개해도 되겠다는 생각을 한 것도 이때다. 돌아와 인터넷으로 쿠르드족의 특징을 몇 가지 찾아봤다. 어느 정도 추측했던 내용이었다.

쿠르드인(Kurds)은 아리아 계통의 유목민으로 이란과 이라크, 시리아, 터키를 포함하는 산악 지역 쿠르디스탄에 거주한다. 쿠르드인들은 사납고, 발이 빠르며, 민족의

---

2  http://en.wikipedia.org/wiki/List_of_birds_of_Syria#Swallows_and_Martins

쿠르드인이 모여 사는 에자네 마을

식이 아주 강한 것으로 알려져 있다. 중세 때 아라비아의 통치를 시작으로 이민족의 지배를 받았고, 제1차 세계대전 이후 쿠르디스탄은 인접 4개국에 분할되었다. 1920년 열강들이 쿠르드족의 자치를 약속한 적이 있으나 약속은 금방 파기되었다. 이후 지금까지 이 지역의 쿠르드인들은 독립운동을 계속하고 있다.

에자네 마을을 지나 버스로 15분 거리인 목적지 성 시므온(St. Simeon)교회 주차장에 닿았다. 알레포에서 40km 떨어진 곳이다. 앞에 놓인 간판에 사마안(Samaan)이라는 글자가 보인다. 성 시므온수도원(칼라트 사마안)은 산을 타고 오르면 언덕 위에 있다. 주위는 한적하다. 관광객들이 붐비는 계절은 아닌 모양이다. 하기야 뜨거운 열이 내뿜는 이 시절에 돌산에서 시간을 보내긴 좀 그렇겠다.

성 시므온수도원의 일화가 박혁주와 이지영의 책 『성경의 땅』에 비교적 소상하게 기술되어 있어 소개해본다. 수도원은 서기 389년 셀리키아(Celicia) 시산 마을에서 양을 치는 목동의 아들로 태어나 어린 시절부터 고행으로 성자의 삶을 살고 갔던 시므온을 기념하여 세웠다. 13세에 부르질 사베아(Burge Al Sabea)수도원에 들어가 수행했다. 쇠사슬로 몸을 감거나 구덩이를 파고 땅속에 사는 고행으로 성자로서의 삶을 살고자 했다. 410~412년부터 현재의 성 시므온수도원 부근 탈라니 소스 지역에 입문하여 정진했고, 37년 동안 기둥 위에서 수도생활을 계속하다 459년 7월 24일 영면했다. 476년에 그가 수도를 했던 기둥을 중심으로 붉은색 바위를 다듬어 십자가 모양의 수도원을 세웠고, 490년에 지금의 모습으로 완공했다.

기어오른 비탈에는 나무들이 숲이라 할 만한 공간을 이루었다. 제법 비가 오는 지역인가 보다. 한 아름이 될 성싶은 소나무들이 여럿 눈에 들어오고 대략 측백나무와 노간주나무를 닮은 나무도 보인다. '강수량이 얼마나 될까?' 알레포와 40km 거리라면 같이 600mm로 간주해도 무리가 없을 터이다. 우리나라 강수량의 반이 안되는 양이다. 거기에 이곳은 물을 품기 어려운 돌산이라 역시 수종은 그리 많지 않다. 맞은 쪽 언덕 돌산에 돌을 쌓아 경계를 이룬 담이 사람의 흔적을 분명히 남기고 있지만 아직 제대로 갖추어지지 않았다. 이 메마른 땅 위로 사람들의 손길이 조금씩 다가오고 있다는 뜻일까?

능선 위에 자리 잡은 폐허의 성 시므온교회에서 우리는 한 시간 가량을 보냈다. 이곳 유적지 어디서나 만날 수 있는 커다란(우리에게는 '거대한'이라는 수식이 더 어울리는) 돌들로 이루어진 영화의 잔재들은 내 시선을 오래 끌지 못했다. 바쁜 일정 속에서 한꺼번에 쏟아지는 꼬부랑 용어들과 역사적 내용의 무게를 견디지 못하고 내 머리는 일찌감치 손을 들었다.

성 시므온교회의 주인 모를 누렁이와 함께 이주형 사진

성 시므온교회 주변의 나무들 (19일 09:50)

올리브밭이 보이는 돌산 풍경

다행히 언덕에는 나무 그늘과 바람 그리고 먼 조망이 있다. 감탄할 만하다. 아, 오랜만에 가져보는 여행의 여유! 멀리 돌들이 점령한 풍경 사이로 나무들은 띄엄띄엄 자라고, 어디로 이어지는지 모를 길은 길게 뻗어 있다. 간간이 지나가는 자동차와 트럭도 그 풍경 안에서는 외로워 보인다. 서 있는 발 아래 지척에는 올리브밭이 있다. 너무 많이 봐서 이제 멀리서 보아도 올리브나무인지 가늠이 된다.

어디선가 커다란 누렁이가 한 마리 나타나 이방인들을 반긴다. 사람이 그리웠던 것일까? 누군가의 다리에 자꾸만 몸을 밀착하며 비벼대는데 사람들은 별로 반기는 기색이 아니다. 나는 휘파람으로 그를 불렀다. 목덜미를 잡은 손에 힘을 주어 쓰다듬어 주니 좋아한다. 무슨 사연이 있었던지 두 귀를 몽땅 잃었다. 싸움개는 귀를 잘라준다는 얘기는 뒷날 터키에서 듣는다.


## 나이 든다고 누구나 둥글어지는 것은 아니다
### – 식물들은 건조한 환경에 어떻게 적응했을까?

성 시므온교회 주차장을 떠난 것은 10시 무렵이다. 다음 행선지는 하마(Hama)다. 다시 이동 시간이 길어진다. 버스로 30분 남짓 달리는 동안 양들이 풀을 뜯고 있는 넉넉한 들판도 계속된다. 산지에서 평지로 내려섰다는 뜻일 터이다.

그리고 채 5분도 되지 않아 마을이 다가왔다. 성 시므온교회를 떠난 지 대략 30분 남짓 걸리는 여기는 어디쯤일까? 내 기억에 이때쯤 손종희 씨는 긴 여정을 대비한 먹을거리를 사기 위해 버스를 잠시 세웠다. 서 있는 버스의 차창 밖으로 문득 공동묘지가 보인다. 삶과 죽음의 공간이 섞여 있는 풍경이다. 우리의 무덤은 삶의 공간과 떨어진 곳인데 여기는 그렇지 않은 것이 서양과 닮았다. 두 공간의 거리를 결정짓는 문화적인 무엇이 있을 법한데 내가 다룰 만한 내용은 아니겠다.

버스 노정이 길어지면서 이주형 선생님의 사회로 짧은 강의들이 연속된다. 한상복 교수님의 건기와 우기가 나뉘는 어느 아프리카 원주민 이야기가 흥미를 끈다. 건기에는 먹을 것이 부족하여 좋은 시절에 축적한 살을 태우며 견딘다. 비와 함께 산천초목에 생기가 도는 계절이 오면 잘 먹은 여성들의 몸매가 풍만해진다. 가슴이 나오고 엉덩이도 나오면서 옆에서 보면 S라인이 생긴다. 뜻밖에 등장한 S라인이 잠시 버스 속에 웃음을 안긴다. 여자들과 달리 남자들은 신체형에 큰 변화가 없다. 남녀 사이에 존재하는 생리적인 차이 때문일까, 아니면 생활 방식의 차이 때문일까?

나는 쿠르드사람들과 조금 전에 보고 온 성 시므온교회 주변 식물의 유사성에 대해 그려본 상상을 간단히 소개했다. 먼저 손종희 씨에게 물어봤다. "쿠르드사람들이 강건해 보이나요?" "외모를 보면 골격이 건장해 보입니다." 내가 대략 예상했고 듣고 싶던 이야기다. 여기까지 오는 동안 만난 몇 종의 식물들은 나름대로 건조한 땅에서 살아남는 생존전략을 가지고 있다. 특히 성 시므온교회 주변에는 소나무와 노간주나무처럼 보이는 사이프러스나무가 그렇다. 그들은 또한 상록수들이다. 낙엽을 떨어뜨리면 잎에 함유된 영양소도 잃기 때문에 상록을 유지하는 것도 척박한 땅에 적응하는 한 가지 전략 또는 능력이다. 우리나라 석회암 지대에 있는 측백나무도 마찬가지다. 석회암에서 풍화된 토양은 수분보유능력이 떨어지기 때문에 건조에 견디는 수종의 경쟁력이 높다.

우리나라 숲을 보면 바위투성이의 능선에 소나무가 남아 있다. 그러나 계곡에는 넓은갈잎나무(낙엽활엽수)들이 흔히 보인다. 척박한 땅에서는 소나무의 전략이 유리하지만 수분이 넉넉한 땅에서는 유기물이 빨리 쌓이고 토양 비옥도가 높아지면서 넓은갈잎나무에게 밀려난 결과다. 그런 변화는 자연의 이치에 따르는 천이(succession)의 일부다.

쿠르드인들이 억센 면모를 지닌 것도 성 시므온교회 주변에 사는 나무들과 닮았다. 그들의 억센 외모는 메마른 산악지대에서 살아남아서 그럴 수도 있다. 그러나 그 강건한 풍모 뒤에 숨은 유연하지 못한 삶의 태도가 산악으로 밀려나는 요소가 되었는

평지의 풍경 (19일 10:33)

마을의 길을 지나며 버스에서 찍은 공동묘지

지도 모른다.

식물이 적응능력을 어떻게 키우는지 질문이 들어온다. 환경에 맞추어 스스로 적응능력을 키운다는 시각은 다윈 이후에 비판을 받는다. 어디서든 생물은 돌연변이를 일으킨다. 돌연변이로 생긴 새로운 형질이 주어진 환경에서 선택된다고 보는 시각이 다윈의 자연선택 원리로 알고 있다. 우리가 보는 식물의 분포는 그런 과정을 거쳐 나타난 결과이다. 이를테면 매우 건조한 땅에는 긴 진화 과정에 적은 양의 물로도 생리 과정을 유지할 수 있는 능력을 갖춘 식물이 선택될 뿐이다.

이와 관련하여 흔히 식물을 $C_3$ 식물과 $C_4$ 식물로 구분한다. (이렇게까지 깊이 가야 할까 회의를 하면서도 나는 이야기를 계속한다.) 정확한 이유는 모르겠지만 광합성을 할 때 일어나는 생화학적 과정 초기단계에서 $C_3$ 식물은 탄소가 3개인 유기물을 만들고 $C_4$ 식물은 탄소가 4개인 유기물을 만들기 때문에 그렇게 이름을 붙였다. $C_3$ 식물은 우리가 흔히 보는 나무와 같이 비교적 물이 넉넉한 곳에 살기에 적당한 식물이다. $C_4$ 식물은 건조한 땅에서도 견디는 옥수수와 같은 식물이다. 물론 이러한 특성도 주어진 환경에서 선택된 결과라고 보는 것이 무난하다.

식물의 광합성은 빛에너지를 이용하여 이산화탄소와 물을 합쳐 유기물을 만드는 과정이다. 이산화탄소는 공기로부터 얻고, 물은 토양에서 얻는다. 이산화탄소를 얻으려면 식물은 잎의 작은 구멍(기공)을 열어야 한다. 그러나 기공을 열면 물이 증산작용으로 몸 밖으로 빠져나가게 된다. 식물이 물 소비를 줄이자면 기공을 닫아둔 채 자신이 호흡할 때 생긴 이산화탄소를 광합성에 다시 활용하면 된다. $C_4$ 식물인 옥수수는 그런 특징을 가지고 있다.

한상복 선생님은 내 시각을 비판하셨다. 자연과 달리 사람은 매우 복잡하고 특이한데 둘을 쉽게 비교하는 내 태도에 대한 지적이다. 나일강 충적토 형성을 사람과 빗댄 부분도 언급하신다. 나는 어디선가 수원지에 가까운 산간의 돌들은 모가 나는데 긴 시간 흘러내린 하류의 모래와 흙은 둥글고 부드러운 것이 애들의 모난 행동과 노인의 원만한 성품에 비유할 수 있다고 했던 것이다. "나이 들면 누구나 둥글어지는 것은 아니다. 나를 보라."

비유는 진리를 말함이 아니고 일반적인 사항이라는 전제가 있는 만큼 비판 받을 허점이 있다. 단지 서로 다른 세계를 살아가는 사람들이 소통을 하자면 비유가 도움이 된다. 자리로 돌아오는 내게 정재훈 교수는 가만히 한마디 거든다. 쿠르드인들도 원래는 평야지대에 살았다. 중국의 소수민족이 어려운 자연환경에 살고 싶어서 사는 것이 아니다. 그들은 한족의 문화에 밀려나간 것이다. 자세한 설명은 없어도 내 시각을 뒷받침해주는 내용인 줄 알겠다.

# 호주 원산 유칼리나무가 늘어선 도로변 숲띠
- 물을 많이 소비하는 유칼리나무, 여기 있어도 될까?

오는 길에 하마의 유적지를 대략 보고, 이제 다음 목적지인 크락 데 슈발리에 성채로 가는 길이다. 하마를 떠난 지 40분가량 걸린 시점에 문득 긴 유칼리나무 가로수가 나타난다. 버스가 가로수 사이를 달린 지 15분을 넘긴 것으로 보아 길이가 몇 킬로미터는 될 듯하다. 그것도 중국의 여러 가로수처럼 길 양쪽에 5줄 이상은 심어 숲이라 부를 만하다. 처음에는 키가 3~4m 남짓, 목적지 크락 데 슈발리에 성채 가까운 도로 옆에서는 거의 5~7m 되어 보인다. 크기의 차이가 심은 해가 달라 생긴 수령 때문인지 땅의 비옥도 차이에서 비롯되었는지는 알기 어렵다.

지금까지 거쳐 온 시리아의 도로에서 중앙분리대는 분명했어도 양쪽 가로수는 빈약했는데 무슨 까닭일까? 앞부분에서는 분명히 유칼리나무였는데 어느새 수종이 바뀐다. 이 긴 숲띠는 멀리 떨어진 우리의 목적지, 크락 데 슈발리에 성채에서도 분명하게 볼 수 있을 정도로 놀랄 만한 규모였다.

한편 유칼리나무는 멀리 호주 원산인 것으로 아는데 어떤 경로를 거쳐 여기까지

넉넉한 가로수 (19일 13:54)

크락 데 슈발리에 성채 오르는 언덕길에서 돌아본 풍경. 중앙을 가로지르는 긴 숲띠로 보인다. (19일 14:04)

크락 데 슈발리에 성채에서 보는 풍경 (19일 15:20, 15:35)

성채 위에서 포옹하는
연인 (19일 15:34)

성채

도입되었을까? 이 의문은 현지에서 물을 기회가 없었는데 나중에 여행기를 검토해준 손종희 씨가 적절한 대답을 해놓았다.

지나고 보니 교수님께 나무 이름 좀 많이 배울 걸 했습니다. 사람들이 나무 이름을 많이 물어보니까요. 저야 푸른 나무는 다 좋아합니다만 군이 이름까지 안 알아도 된다고 보는데 사람들은 꼭 이름을 물어봐요. 전 푸른색(나무, 풀 종류)을 보면 가슴이 뛰어서……. 벌렁벌렁(너무 좋아서) 이름 같은 것은 생각할 여유도 안 두고 말이죠.

참, 그 유칼리나무는 원래 이곳에 서식하는 나무는 아니었고 1차 세계대전 이후 프랑스가 이곳에 대량으로 들여와 심었답니다. 물론 정확한 정보는 아닐 수도 있으나 그런 이야기를 들었습니다.

저는 아주 시골 깡촌 출신이라 늘 부근에서 보던 나무만 알고 새로운 것은 모르는데 그 유칼리나무는 대학교 때 번역 과제물 때문에 처음 접한 나무였어요. 코알라도 출연하면서 생소한 나무 이름을 접하게 되었지요. 나무보다는 코알라의 생활에 초점을 맞춘 이야기였지만요.

유칼리나무는 여러 종이 있고, 그중에서 일부만 코알라가 먹는다. 이 나무는 빠른 성장속도 덕분에 세계 여러 곳으로 퍼져나갔다. 그런 나무가 남아프리카에서 물을 너무 많이 소비하여 문제를 일으킨다는 내용의 논문이 내게 관심을 끈 적이 있다. 그리고 몇 년이 지나 2002년 요하네스버그에서 '리우환경회의+10년 회의'가 열렸다. 그 회의 참석자로부터 남아프리카에서는 유칼리나무숲을 베어내기로 했다는 이야기를 전해 들었다. 또 몇 년이 지나 케냐에서 유칼리나무를 다른 나무로 대체하는 운동을 한다는 논문을 읽었다. 모두 그 나무가 지나치게 많은 물을 소비하여 사람들의 삶이 괴로워진 까닭이다. 그렇다면 시리아 건조지에서는 그런 문제가 없을까? 내 의문은 꼬리를 물어 더욱 뻗쳐간다. 나무들이 인위적인 과정으로 다른 세계로 퍼져가는 경로 뒤에는 어떤 힘이 작용하고 있을까? 나무들의 여러 가지 특성과 그 일부만 아는 사람들이 어우러져 만드는 어떤 힘이 나무들이 땅을 덮는 세력을 조절하는 것이리라.

목적지 크락 데 슈발리에 성채는 볼록 솟은 높은 곳에 자리를 잡아 전망이 좋다. 우리는 그중에서도 높은 곳에 올라 멀리 바라본다. 마음이 시원하다. 올리브밭으로 보이는 경작지와 맞은편 산기슭, 비탈을 기어오른 인가와 언덕을 넘어가는 먼 길이 감상을 일으킨다. 저 너머에 누가 살고 있을까? 멀리 보이는 넓은 들판은 풍성하다.

문득 성채가 잘 보이는 곳에서 서로를 가만히 껴안고 오랫동안 서있는 남녀의 모습이 시야에 들어온다. 남의 시선일랑 아랑곳하지 않는 사랑의 깊이가 느껴지는 광경에 눈이 가지 않고 배길 수 있겠는가? 그 진귀한 장면을 본 사람이라면 거의 모두 사진기에 담았으리라. 나중에 유혜원 선생이 나를 찍은 사진과 함께 보낸 그 남녀의 사진에는 '이건 서비스예요!!'라는 파일 이름을 달아놓았다. 파일의 제목을 달기에는 비좁은 자리에 서술형을 붙이고 굳이 느낌표 두개까지 넣은 것은 촬영자의 마음을 깊이 건드린 광경이었다는 뜻이다.

성채로 오른 길을 내려오던 버스는 문득 급한 비탈길을 뒷걸음친다. '어, 왜 이러지? 일방통행에 가까운 좁은 경사지에서 올라오는 차를 비켜야 하나?' 그러나 그것이 아니다. 좁은 길에서 어렵사리 방향을 바꾼 까닭은 손종희 씨가 우리에게 꼭 보여주고 싶었던 풍경을 그제야 생각한 것이다. 덕분에 우리는 높은 언덕길에서 성채의 웅대한 모습을 한눈에 담을 수 있었다.

다마스쿠스로 돌아오는 길, 창 밖에는 메마른 땅 주변의 새로운 가로수 조성 풍경이 있다. 며칠 전 다마스쿠스를 떠날 때 보았던 그 가로수의 일부인지도 모르겠다. 이런 구조의 가로수는 중국의 건조지대에서 나타나는 풍경과 비슷하다. 도로를 따라 양쪽으로 몇 줄의 나무를 심어 모래바람을 막고, 그늘을 만들고, 야생동물들이 깃들 수 있는 숲띠를 만들려는 의도가 담겨 있다. 저 메마른 땅에서 넓은 숲띠 만들기에 성공할 수 있을까? 달리는 차 안에서 잡은 풍경은 알맞은 사진으로 발전하지 못하고, 분위기

다마스쿠스의 변두리 아파트. 거의 모든 지붕 위에 안테나가 얹혀 있다. (19일 18:35)

만 보여준다.

　다시 돌아온 시리아의 수도 다마스쿠스는 도시화의 몸살을 앓고 있는 모습이 역력

하다. 가난의 풍경은 오래된 도시 위로 새로운 그림을 그리고 있다. 변두리로 들어서

는 먼 풍경에 아파트가 늘어서 있고 옥상에는 역시 안테나가 어지럽다. 우리나라 경관

에 빗대어 말하면 신도시가 되려나. 떠날 때 보았던 도심지에서 가까운 달동네도 다시

스친다. 도시를 찾아오는 사람이 늘어나면서 도심 주변 빈 곳을 파고드는 이들의 삶의

공간은 남루하기 그지없다.

# 마지막 여정, 보스라의 폐허를 돌아보며
– 유적지에 현재의 삶을 더할 것인가, 고립시킬 것인가?

## 7월 20일 일요일 맑음

시리아 일정을 마치고 요르단으로 이동하는 날이다. 일정을 서둘러 아침 7시 30분 요르단 국경으로 향했다. 국경을 넘기 전에 시리아 남쪽의 보스라 유적지를 볼 예정이다. 보스라(Bosra)는 다마스쿠스에서 남쪽으로 115km 떨어져 있고, 요르단 국경에 가까운 시리아의 도시다. 일대는 해발 850m의 나꾸란 평원이다.

역시 시리아 수도 다마스쿠스를 벗어나는 변두리에는 비탈을 타고 오른 달동네가 지나간다. 교외를 벗어나니 유칼리나무 가로수가 있고, 농경지와 양 떼가 보이는 풍경 속으로 버스는 달린다. 그 장면은 잡지 못한 대신에 넓은 들판 분위기가 한 장의 사진으로 남아 지난 기억을 채운다.

다마스쿠스를 떠난 지 두 시간 남짓 걸려 우리는 보스라 유적지 출입구 앞에 섰다. 오른쪽에 세습 대통령 부자의 초상화가 유적지를 지키고 서 있다. 권력을 유지해야 하는 대통령과 그 하수인들이 그리는 풍경이다. 세습은 없었다지만 1960년대와 70년대 대한민국 분위기도 다르지 않았다. 잔혹한 적대감을 온 국민의 가슴에 심으려 몰두하던 그 강압의 시절로 나는 다시 돌아가고 싶지 않다. 시리아의 모진 독재는 시리아를, 그와 다르지 않은 모습을 많은 외국인들이 찾아오는 유적지에 버젓이 걸어놓는 부끄러운 나라로 만들어놓았다. 그런데 대통령 부자 사진 아래 적어놓은 글은 무엇을 의미할까? '설마 그들이 시리아를 지키고, 이 오래된 유물도 지키는 초병 역할을 한다는 뜻은 아니겠지?'

보스라는 현무암 지대의 비옥한 땅으로 기원전 4000년부터 사람이 살았고, 넉넉한 농산물 공급과 다마스쿠스-암만의 무역으로 역할을 하는 지리적 입지를 지니고 있다. 2세기에는 우리가 나중에 들린 요르단의 페트라에서 나바티안 사람들이 세운 왕국의

다마스쿠스에서 보스라 가는 길 주변 풍경
(18일 08:31)

보스라 유적지 입구에 서 있는 간판의 세습 대통령 부자 초상화
(20일 09:19)

보스라 유적지의
조용한 소년 이명화 사진

꼭대기의 지붕받이에
새 둥지가 얹혀 있는
기둥들 (20일 09:40)

수도가 되기도 했다. 로마 트라야누스 황제 때는 아라비아 주의 중심으로 지정받아 교육과 산업 그리고 무역이 발전했다.

종교적으로는 다마스쿠스에서 활동하던 바울이 이곳에서 얼마간 지냈고, 7세기에는 마호메트가 기독교 네스토리안파 수도사 바히라(Bahira)의 가르침으로 성경 공부를 한 곳이다(박혁주, 이지영 자료). 이때 배운 성경은 단성론으로 기독교에서는 이단으로 본다. 비주류적인 내용의 성경 공부가 아라비아 사람들이 선호하는 또는 그들의 환경과 어울리는 이슬람교 창시에 어떤 역할을 했을 수도 있다.

보스라에 남아 있는 유적지는 나바티안 제국 때 세워지고, 로마와 비잔틴, 아랍 제국이 증축한 것이다. 나바티안 성채에 102년 로마가 원형극장을 세우고, 12세기에 살라딘이 세운 아이유브조 때는 십자군과 싸우기 위한 요새로 변모했다. 원형극장은 팔미라를 설계했던 시리아 건축가 아폴로도르가 세운 것으로 알려져 있다. 높이 20m로 15,000명을 수용하는 규모이며, 사람들이 빠르게 빠져나갈 수 있도록 층별로 출입문을 만들었다. 1층은 귀빈석, 2층은 장교용, 3층은 여성용이라는데 안내인은 최고의 특별석이 반원형 바닥에 별도의 의자를 두고 앉는 것이라고 말한다(물론 공연이 무엇인가에 따라 다르고, 용도에 대해 다른 견해를 가진 학자도 있다.).

바람의 문을 들어서니 중앙은 돌판을 깔아 만든 제법 넓고 긴 대로다. 오랜 역사를 거쳐 켜켜이 쌓인 유적 속에 얽혀 있는 현대의 삶과 한가한 환경 속에서 만난 애들의 모습이 인상적이다. 이때 만난 한 소년이 기억에 깊이 남는다. 그는 말없이 우리 일행을 지켜보며 홀로 앉아 있었다. 내가 사진기를 들이대도 표정에 그다지 변화가 없다. 내가 옆에 앉고 이명화 선생님이 사진을 찍어도 반응이 없다. 그렇다고 권태나 무료 또는 무관심을 담은 표정도 아니다. 가슴 저 깊은 곳에 어린 소년답지 않은 사색을 안고 있는 느낌이다. 뒤쪽 계단 위 높은 2층에서 내려다보는 여자애들은 길손에게 인사를 다툰다. 유적 사이에 세운 오늘날의 건물이 오히려 폐허처럼 가난하다. 찍어온 사진을 가만히 보니 여자애들이 있던 곳도 버려진 건물이다.

우리 일행에게 소리 지르며 인사하던 두 소녀가
있는 집 (20일 09:29)

원형극장

유적에 덧붙여진
새로운 삶의 흔적
(20일 09:52, 09:59)

쐐기돌

　　대로의 끝 부분에는 몸통은 허물어지고 남아 있는 기둥에 튼 새의 보금자리도 인
상적이다. 기둥만 높이 남았으니 짓궂은 애들의 손길을 피하기에는 안성맞춤의 장소
겠다. 버려진 사람들의 유물에 삶의 터를 꾸린 새 가족, 사람과 새의 색다른 나눔 장면
이 아니겠는가? 우리는 새들이 둥지를 튼 기둥을 왼쪽으로 끼고 길을 꺾었다. 허물어
진 유적지에 남은 아치형 문도 인상적이다. 비단길 여정에서 아치는 쐐기돌종 또는 중
추종(keystone species)이라는 생태학 분야의 흥미로운 용어로 한동안 내게 꽤 깊은 관
심을 받던 대상이다. 상단 끝에 넣은 마지막 쐐기돌이 빠지면 아치가 무너질 정도로 한
생물종이 어떤 생태계에서 맡고 있는 중추적인 역할을 비유적으로 표현한 이 용어는

톈산북로 답사기에서 소개했다.

골목길을 따라 오랫동안 방치된 유적지에 가난한 사람들도 새들처럼 보금자리를 꾸렸다. 그나마 남아 있는 벽에 또 다른 장치를 덧대거나, 새로운 건물을 올린 살림살이 집이 곳곳에 들어앉았다. 이렇게 새들과 사람들의 삶이 섞일 수 있는 유적지는 어떻게 보존하는 것이 마땅할까? 박제처럼 사람의 손길을 완전히 차단하는 것도 문제지만 누구나 접근할 수 있다면 미래를 보장하기 어려울 터이다. 굳이 그 벽에 페인트칠을 하여 느낌을 완전히 바꾸어버린 곳은 정도를 넘어섰다.

마지막으로 들른 원형극장은 유적지와 조금 떨어져 있다. 웅대한 모습이 1세기에 세워진 그대로는 아닐 듯하다. 오늘날 사용해도 손색이 없을 정도다. 복원했다는 말은 나중에 들었다. 우리는 여기서 달리 볼거리가 있는 것도 아닌데 한참의 시간을 보냈다. 원형극장, 그 이름만으로도 충분히 좋다. 이제 시리아를 떠날 차비를 할 때가 되었다.

시리아는 사람과의 만남으로 내 뇌리에 깊은 인상을 남겼다. 무엇보다 알레포 성채에서 우연히 이루어졌던 아버지와 두 명의 소년, 소녀 가족과의 특이한 만남은 여행의 묘미였다. 게다가 젊은 날 독재를 경험한 내게 세습으로 이어지는 북한과 매우 닮은 시리아 세습 대통령 부자가 마음에 거슬릴 수밖에 없었고, 결국 그 독재가 불러온 내전이라는 현실이 겹쳐지면서 슬픈 마음이 더욱 깊어졌다. 내 공부의 근거인 환경 여건과 식물의 관계를 생각해본 것은 잠깐이었고, 여정을 끝내고 돌아와 다른 어느 때보다 유적지에 대한 자료들을 뒤적이며 시리아를 생각했다. 하늘과 땅, 그리고 사람이 함께 풍경을 가꾸는 이치를 알지만 내 평소의 공부와 달리 마음이 한쪽으로 제법 치우쳤다. 그런 까닭일까? 마음의 균형을 잡고 시리아를 다시 가보고 싶은 꿈이 크다.

# 유목민의 고향

몽골 고비와 초원

러시아

몽골

비칙트하드 ● ● 울란바토르

● 하르호린

차간아워 ● ● 바얀블락

바얀작 ● ● 달란자드가드

● 얼링암

중국

**몽골고비**

**여행 경로**

울란바토르(2010년 8월 8일) - 돈드고비, 바얀블락(9일) - 달란자드가드(10일) -
얼링암, 바얀작(11일) - 차간어워, 옹기히드(12일) - 바얀고비 비칙트하드(13일) -
하르호린(14일) - 울란바토르(15일)

전생에 무슨 인연이 있었는지 1990년대에는 몽골에 갈 기회가 여러 번 있었다. 당시 내 몽골 여행은 온대 동아시아 토지 이용 변화에 관한 작은 학술 모임 (Land Use in Temperate East Asia)에 참석하는 것으로 이루어졌다. 그 모임은 다른 나라의 토지 이용과 생태적 현상의 관계를 연구하는 미국과 유럽, 일본, 중국학자들의 연구 활동으로 은근히 나 같은 사람의 기를 죽이는 경험이기도 했다. 당시의 빈약한 우리 생태학 분야의 연구 인력으로는 남의 나라 자연을 제대로 살필 여력이 없었고, 또한 관련 주제에 대한 연구비 지원도 기대하기 어려운 현실이었다. 그 모임은 일본의 한 재단에서 지원을 받아서 꾸려졌는데 몽골과 중국, 미국, 일본에서 돌아가며 발표 모임을 갖곤 했다.

그렇게 다가온 몽골은 첫 만남부터 그냥 좋았다. 1960년대 우리나라 시골에서 보던 것처럼 순박하고 여유로운 몽골 사람들도 좋았고, 무엇보다 막힌 가슴을 탁 틔어주는 드넓은 초원은 커다란 매력이었다. 막힌 데 없이 시야가 넓은 초원에서 1시간 남짓 달려봤던 초보자의 말타기는 쓰라린 기억을 남기기도 했다. 겁 없이 제법 달려보기는 했어도 잘못된 기마술로 엉덩이 피부가 벗겨져 버린 것이다. 리듬을 맞추지 못하고 긴장했던 기수가 말에게는 얼마나 부담을 주었을까?

몽골 방문은 2004년부터 갑자기 끊어졌다. 인연을 안겼던 모임도 지원금이 끊기며 시들해지고, 나 스스로에게는 진정한 초원 연구의 전망도 흐린 형편이라 몽골은 조금씩 멀어졌다. 대신에 중국인들이 네이멍구(內蒙古)라는 이름으로 편입한 남몽골을

몽골 답사에서 찍은 풍경 (2004년 9월)

이번 여행에서 만난 몽골의 평원

갈 기회가 몇 번 있었다. 그러나 한족들의 농경활동으로 남몽골은 더 이상 유목민의 땅으로 보기 어려웠다. 내가 갔던 그곳에서는 이미 농경지와 공장 부지를 포함하는 풍경이 넓은 땅을 차지하고 있었다. 그런 경험은 하나의 국가로 남아 있는 몽골과 이제 남의 나라 땅이 되어 젊은이들이 선조들의 고유 언어조차 잊어버린 남몽골을 대비하게 했다. '북한이 남몽골의 전철을 밟지 말라는 법이 있을까?' 하는 불안감이 내 가슴 속에 자리 잡았고, 이 불안감은 어려운 몽골에 대한 애틋한 마음을 더욱 키웠다.

그런 몽골이 다시 내게 손짓을 했다. 강원대학교 강신규 교수가 몽골과 동북아시아 지역을 원격탐사 자료로 분석하고, 현장 답사의 길을 열었다. 내가 몽골을 들락날락할 때 연구실 박사 과정 학생이었던 그는 옛일과 그때 내가 만나던 사람들을 생각해내었다. 그리고 세월과 함께 뒤쪽으로 묻혀가는 내 옛 인연을 인공위성 영상 분석 결과를 현장에서 확인하는 작업(ground truthing)의 발판으로 믿고 동행을 요청했다.

그렇게 몇 년 만에 다시 몽골 땅을 밟았다. 2010년 8월 8일 울란바토르에 도착하고 다음 날 곧장 남쪽으로 달려 바얀블락에서 몽골의 둘째 날을 지낸 다음 달란자드가드, 바얀작, 차간오보의 엉긴히드, 바얀고비의 비칙트하드에서 차례로 묵는 노정을 거쳐 마지막으로 하르호린(Kharkhorin, 몽골의 옛 수도로 때로 카라코룸이라 표기하기도 함)을 거쳐 마지막 밤을 울란바토르에서 보낸 7박 8일의 일정이었다. 이 노정에 만난 지역 특성에 대한 강신규 교수의 다음 논평은 우리가 지나온 땅을 비교적 잘 요약하고 있어 참고할 만하다.

몽골은 북쪽에서 남쪽으로 삼림(forest)과 삼림스텝(forest steppe), 스텝(steppe), 사막스텝(desert steppe), 사막(desert)으로 변화를 보인다. 우리 여정 중에서 울란바토르는 삼림스텝과 스텝의 경계부 정도이겠고, 첫날의 숙소인 바얀블락은 스텝, 만달고비는 스텝과 사막스텝의 경계부에 있다. 달란자드가드로 가는 길에 사막스텝에서 사막까지 경험하고, 다시 사막스텝으로 들어선 셈이다. 아마도 달란자드가드 남쪽에 위치한 큰 산맥의 영향으로 다시 초지가 살아난 것으로 보인다. 작은 사막이라 불러도 좋을 듯하다. 차간어워는 사막초지였고, 바얀고비－하르호린－울란바토르로 오는 길 등은 전형적인 스텝 지역이라 할 만하다. 이러한 식생대의 변화에 따른 가축 개체군과 가축 구성의 차이도 함께 살펴볼 필요가 있다. 예를 들어 낙타는 주로 사막초지에서 방목하고, 사막초지 또는 초지－사막초지 경계부에서는 염소의 비중이 더 높다. 삼림초지에서는 양과 함께 소도 많이 키운다.

# 6년 만에 다시 찾은 울란바토르 풍경
## － 쌍어 문양은 고대 문명이 교류한 흔적일까?

### 2010년 8월 8일 일요일

비행기가 울란바토르에 도착하기 전에 바깥 기온이 11℃라는 기장의 안내가 있었다. '11도? 내가 잘못 들었나?' 역시 공항 건물을 나서니 바람이 차다. 공항에는 한국 이름이 미영이라는 몽골 안내인이 나와 있었다. 그녀는 자신의 몽골 이름을 알려주며 우리가 외우기 어려울 것이라 했다. 우리는 한번에 정확하게 알아듣지 못한 데다 역시나 외우기는 더 어려워 그냥 미영이라 부르기로 했다. 미영은 9살부터 11살까지 3년 세월을 서울의 성수동에 있는 초등학교에서 보냈다. 그녀의 한국말은 유창했다.

이날 오후 일정은 자연사박물관과 수흐바타르 광장에 들른 다음 민속공연을 보는 것으로 채워졌다. 찬찬히 살필 여유는 없었지만, 자연사박물관을 둘러보며 몽골 분위기를 대략이나마 맛본 것은 나름대로 의미가 있었다. 박물관을 나서는데 문 앞에 '푸른아시아'의 윤전우 씨가 그럴 줄 알았다는 듯이 빙그레 웃으며 서 있다. 서울에서 출발하기 전에 연락하여 돈드고비에 있는 푸른아시아의 묘목장에 들릴 여지가 있을지 상의하기로 했지만 그렇게 만나리라 예상하지 못했던 일이다. 그는 여름 동안 생태관광 사업으로 울란바토르에 나와 있었고, 우리는 몽골 안내인이 짜놓은 일정에 바빠 만나기 어려울 듯했다.

수하바타르 광장의 몽골 중심부 표식 위에서 기도하는 한국인들

극장의 2층 계단에 비치된 대형 전통악기의 쌍어 문양

수흐바타르 광장은 무슨 까닭인지 지난날 들렀던 어느 때보다 한산하다. 현지인보다는 한국인 관광객이 눈에 더 많이 띄는 것도 이전과 다른 모습이다. 몽골의 중심이라는 장소에 일단의 사람들이 모여 있었다. 가만히 보니 한국인들이 기도를 하고 있다. 전도는 신앙인의 사명이기도 하겠으나 몽골에서는 왠지 생경하다. 몽골의 영웅 조각상을 압도하며 배경이 되는 국회의사당 건물과 함께 어색한 느낌도 든다.

1998년부터 2004년까지 여러 번 가봤던 울란바토르는 예상보다 훨씬 많이 바뀌었다. 그때에 비해서 사람들이 차지한 공간 규모는 엄청나게 늘어났고, 차들도 많아졌다. 이주민들이 시골에서 몰려와 건물이 난립하고 난방용으로 석탄을 사용하기 때문에 겨울이면 공기가 무척 나쁘고 밤거리 치안도 불안하다는 얘기는 오기 전부터 몇 번 들었다.

민속공연은 예전만큼 감흥을 주지 못한다. 어쩐지 단조롭다는 느낌도 들고, 이미 몇 번 봤던 분위기라 식상한 부분도 있다. 극장을 내려오는데 전통악기 조각품에 포함된 쌍어 문양이 내게는 의아스럽다. 김해 수로왕릉과 은해사에는 서로 마주 보고 있는 쌍어가 있다. 몽골의 전통악기에는 주둥이를 함께 묶어놓아 배를 마주 대고 있다. 쌍어 문양의 흔적을 추적한 김병모 교수는 이렇게 서로 꼬리를 땅에 대고 서 있는 형국의 쌍어는 아시리아와 중국 보주 허씨 종친회에서 볼 수 있다고 했다. 어디선가 몽골 국기에 포함되어 있는 태극 문양을 두 마리 물고기가 꼬리를 물고 물리는 방식으로 그려놓은 형상을 본 적도 있다.

우리나라 가야의 허황후와 밀접한 관련이 있다는 그 쌍어가 몽골에서는 어떤 의미를 가질까? 김병모 교수는 기원전 2700년 무렵 고대 바빌로니아에서 시작된 신어 사상이 기원전 5~3세기 무렵 스키타이를 거쳐 간다라와 인도 동북부 갠지스강변의 아요디아로 전달되고, 나중에 미얀마, 중국 운남과 보주, 무창을 거쳐 기원후 1~100년 사이에 가야로 전달된 것으로 추정했다. 그렇다면 신어 사상이 스키타이에서 굳이 남쪽으로만 전달되고, 동쪽 초원의 유목민 사회로 간 흔적은 없을까? 이 몽골의 쌍어 문양도

문화적으로 김병모 교수가 연구한 것들과 어딘가로 연결되어 있는 것은 아닐까? 주제넘는 추측을 해본다.

전주식당에는 미영이 미리 연락을 해둔 몽골국립대 출룬 교수가 나와 있었다. 50대 후반인 그는 학부에서 수학을 전공했고, 러시아에서 박사학위를 받은 다음 미국 콜로라도주립대학교에서 7~8년가량 연구원으로 있다가 몽골로 돌아왔다. 내가 그를 처음 만난 것은 그가 미국에 있을 때였고, 아마도 1990년대 중반일 것이다. 당시에 나는 미국 생태학회에서 일본계 미국인 데니스 오지마(Danis Ojima) 교수를 만나 동북아시아 토지 이용 변화 연구 모임에 참여하게 되었다.

연구책임자 역할을 하던 오지마 교수는 미국과 몽골의 초지를 비교하는 과정에 출룬 교수를 연구원으로 초청하여 덕분에 1년에 몇 차례 만날 기회가 있었다. 나이가 비슷한 우리는 비교적 쉽게 가까워져 그의 집에 초청 받은 적도 있다. 그를 마지막으로 본 것이 2004년 몽골을 방문했을 때다. 인재가 적은 개발도상국이 대개 그렇듯이 몽골에서도 지식인에 속하는 출룬 박사는 교수직과 함께 두 개의 국가기관에서 건조지 관리와 환경정책 업무를 다루는 직위에 이름을 올리고 있다. 지금은 학교를 휴직하고 파견 형식으로 국가기관에 나와 있는 것으로 안다.

## 우리의 돌탑을 닮은 몽골의 오보
– 초원의 풀을 다스리는 대지와 물, 오보와 에투켄

### 2010년 8월 9일 월요일

오전에는 출룬 교수가 책임자로 있는 몽골의 건조지 지속가능연구소(Dryland Sustainability Institute)에서 간단한 발표 모임을 가졌다. 몽골의 발표자 3명은 출룬 교수가 지도한 학생으로 현재 연구소에서 함께 일을 하고 있다. 아직은 연구소의 책임자가 거의 독단적으로 인사와 연구방향을 이끌어가는 수준인 듯하다.

나에게는 이 날의 발표 모임이 몇 년 동안 손을 놓고 있던 몽골에 대한 공부와 출룬 교수와 만남을 재개하는 길목이 되었다. 출룬 교수는 새로 맡은 직위를 수행하기 위해 나와 교류를 원했고, 인공위성 분석으로 연구를 진행한 강신규 교수는 현지 협조를 위해 학생 교환 가능성을 의논했다. 이제 우리가 안고 있던 몽골 답사의 무거운 임무는 정리된 셈이다. 이 교류는 몽골의 박사후연구원과 박사 과정 학생들이 강 교수 연구실에 참여하면서 뒷날의 몽골 답사를 훨씬 알차게 만드는 단초가 된다.

발표 모임을 마친 다음, 이른 오후 울란바토르를 떠나 돈드고비로 향했다. 3시간 남짓 달려가다 한 고갯마루에 잠시 멈췄다. 오보(ovoo)를 보기 위해서였다. 오보라는 몽골의 돌무더기는 때로 '어워'라고도 쓴다. 아직 두 가지 다른 명칭이 사용되는 사연에 대해서는 자신 있게 말하지 못한다. 아마도 몽골 사람의 발음을 외국인이 표기하면서 그렇게 된 것이 아닐까? 우리글로 써놓고 보면 상당히 다르다. 현지인에게 몇 번이고 들어보지만 어느 쪽인지 구분하기 어렵다. 그런 만큼 외국 문자로 정확하게 표기하기는 어려울 것이다.

마을이 다른 마을과 소통하는 분수령의 일부가 되는 고개에 이르면 으레 그런 오보가 나타나는데 우리의 서낭당과 어딘지 닮았다고 몇 년 전부터 생각했다. 이미 일제 강점기에 서낭당의 기원을 오보라고 본 사람도 있고(이평래 2007), 우리나라 돌탑과 오보가 형태와 기능에서 비슷한 점을 주목한 사실(박원길 2001)도 있으나 아직 정설로 보지는 않는다.

비전공자인 나는 주제넘은 일이긴 하나 마을을 벗어나는 고개에 남아 있는 경계 표시로서 오보를 주목한다. 처음 오는 길손에게는 마을이 가까워졌다는 사실을 알리고, 마을을 잠시 출타하는 주민들에게는 이제부터 여러 가지 보호장치가 있는 공간을 떠나 익숙하지 않은 사람들과 사물을 만날 때 갈등 없이 지내도록 마음을 다잡는 데 필요한 장치가 아니었을까? 반대로 돌아올 때 그곳에 이르면 마을 사람들은 누구나 익

몽골 여정 동안 고갯마루에서 만난 오보들

숙한 품 안에 안기게 되는 안도감을 느낄 것이다. 오보는 주민들에게 다른 환경 사이에 놓여 우리 마을의 동구에 있는 돌탑이나 솟대, 전통 마을숲, 고갯길 서낭당에 있는 요소들과 비슷한 기능을 하는 것이리라.

마침 대학원에서 석사학위를 받은 몽골 유학생이 있어 이메일로 오보에 대해 물어 봤다. 몽골사람들은 오보에 대지와 물의 신인 에투켄이 살고 있다고 믿는다. 오보는 고 갯길이나 언덕, 산꼭대기, 유적지에 돌무더기를 쌓고 그 위에 나무를 꽂아 만든다. 나 뭇가지에 천을 매달아 놓는데 그것을 '카닥(Khadak)'이라 한다. 티베트에서는 흰색의 천을, 시베리아의 브리야트 족이 오색의 천을 매다는데 몽골에서는 푸른 천만 걸어 놓 는다. 푸른 천은 하늘을 의미하는 것으로 몽골 민족 최고의 주신이다. 샤먼 신앙에서 탄생한 오보는 티베트 불교가 몽골제국의 국교가 된 다음 불교적 색채를 띠면서 더욱 퍼졌다. 몽골 전문가인 이평래 박사의 글은 오보의 위치를 다음과 같이 기술하고 있다.

지금까지의 조사 자료에 의하면 오보는 낮은 구릉이나 산 정상, 교차로, 큰 강이나 호숫가, 사원 주변이나 기타 성스런 장소로 여겨지는 곳에 있고, 그 종류도 독립 오보에서 3, 7, 9, 11, 13오보 등 여러 가지 형태가 있다. 이 중에서 가장 보편적인 형태는 산 정상이나 교차로 에 위치하는 독립 오보다. 지금도 몽골 초원 여기저기에서 이러한 오보를 볼 수 있는데, 몽 골인들은 중요한 교차로나 고갯마루를 지나다 오보와 마주치면 대개 말이나 차에서 내려 적절한 예를 표하고 지나간다.

몽골에서 7년을 살았다는 한성호의 책과 몽골을 연구한 박원길의 책에는 그에 대 한 두 가지 사연을 각각 요절한 소년과 소녀 이야기로 소개하고 있다. 그 내용을 내 나 름대로 간략히 소개해보면 다음과 같다.

양치기 소년은 초원에서 잠시 졸았다. 그 사이 늑대들이 습격하여 양들을 모두 잃었다. 죄

책갑으로 나무에 목을 매어 죽은 소년의 혼은 양을 지키는 정령이 되었다. 사람들이 소년이 죽은 자리에 돌무더기를 쌓고 버드나무 가지를 꽂아 넋을 달래기 시작한 것이 오보의 기원이다.

한 소녀가 억울하게 죽었다. 소녀의 죽음은 재앙이 되어 가축들이 죽어 갔다. 마을 사람들은 샤먼을 불러 소와 말을 제물로 바치는 제사를 지내고 시신을 화장하여 마을 서쪽 입구에 묻었다. 그곳에 돌을 쌓고 나뭇가지를 꽂아 표시한 것이 오보의 유래다.

두 이야기 모두 유목민의 삶에서 빠뜨릴 수 없는 가축의 죽음을 바탕에 두고 있다는 사실이 흥미롭다. 대지와 물은 가축을 키우는 근본이다. 유목민들은 직접 이용하기 어려운 형태인 풀을 뜯어 먹고 자원으로 전환하는 가축에 기대어 초원의 삶을 꾸려간다. 그런 까닭에 바람과 기후를 관장하는 하늘의 신 멍케 텡그리(영원한 하늘)는 몽골인들이 으뜸 자리에 모시는 신이다. 초원의 풀을 다스리는 대지와 물의 신 에투켄에 대한 숭배는 그에 버금간다.

가축은 유목민의 삶에서 무지개다리의 쐐기돌과 같은 존재다. 무지개다리에서 가운데 쐐기돌이 빠지면 무너지듯이 유목민의 삶에서 가축이 타격을 입는다면 삶은 허물어진다. 그런 의미에서 유목생활에서 가축을 대표하는 양과 염소는 문화중추종(cultural keystone species)이라 할 만하다. 바람과 기후, 대지와 물은 바로 초원의 생산력을 좌우하는 자연환경이며, 양과 염소, 말과 소는 초원의 생산과 유목민의 삶을 연결하는 핵심 고리인 셈이다.

두번째 비단길 여행이었던 2005년 카자흐스탄을 다녀온 다음에 비슷한 풍경에 대해 잠시 알아본 적이 있다. 그곳에 돌무더기는 없었고, 대신 초원에 우뚝 서 있는 커다란 나무 한 그루에 수백 개가 족히 되는 헝겊을 매달아 놓고 있었다. 역시 궁금하여 카자흐스탄에서 2년 머물고 온 제자에게 물어보고 다음과 같은 내용을 얻었다.

카자흐스탄의 나무 (2005년 8월)

몽골 북부의 나무 (2004년 9월)

카자흐스탄에는 우리의 당산나무로 여겨지는 나무가 곳곳에 있다. 이건 한마디로 '소원나무'라고 부를 수 있다. 보통 봄에 소망을 빌며 천을 나무에 묶는다. 천은 그냥 달기만 하거나 소망을 적기도 한다. 선택하는 나무에 대한 뚜렷한 기준은 없는 듯하고 대개 매어 놓기 쉬운 나무나 보기 좋은 나무 또는 개인적으로 마음에 드는 나무를 선택한다(2005년 카자흐스탄 여행기에서).

이런 경험으로 보건대 나무에 헝겊을 매다는 행위는 일종의 신앙적 표현일 터이다. 2004년 몽골 북부 산악지대에 갔을 때도 비슷한 광경을 보았고, '악마의 눈'이라는 이름으로 나무에 주렁주렁 다는 터키의 작은 소품들도 어딘가 친연성이 있어 보였다. 언젠가 가보게 될 차마고도의 고산에도 비슷한 풍경이 있다는 여행기를 읽었다. 그곳에서는 티베트 장족 신앙의 상징으로 불경을 적은 오색 천을 묶어 놓은 타르쵸(風念經)가 있다. 이런 광경을 낳는 풍습은 어디서 비롯되었을까?

우리나라에서도 고갯마루나 마을 가운데, 큰길가 등, 눈에 잘 띄는 곳에 돌무더기를 쌓고 오래된 나무에 새끼줄을 둘러 오색의 천이나 종이를 매달기도 했다. 그런 곳에서 풍성한 수확과 마을의 안녕을 빌고 가족의 건강을 빌었다. 유구한 역사 속에서 일어났던 여러 유목민들의 접촉이 전파한 샤머니즘의 흔적이 아닐까 하고 추측을 해본다.

오보의 기원에 대해 완전히 다른 측면을 보이는 설화도 있다. 이평래(2007)의 글에서 재인용해 보면 다음과 같다. 여기서는 삶의 근간이 되는 가축에 얽힌 신앙적인 면보다 뚜렷한 지형지물이 흔하지 않은 몽골 초원 경관의 특성을 반영한다.

예전에 몽골에 두 추장이 있었다. 두 사람은 유목지를 두고 싸웠다. 둘은 상대방을 공격하고 재산과 부녀자와 아이들을 약탈하였다. 두 집단의 싸움은 수년간 계속되었는데, 마지막에는 한쪽이 패함으로써 싸움이 끝났다. 패한 측은 순순히 살던 곳을 내주고 다른 곳으로 옮겨갔는데, 그들은 떠나기 전에 금과 은을 땅속에 묻고 그 위에 흙더미를 쌓았다. 훗날 재기하여 적을 소탕하고 보물을 찾을 때 표시로 삼기 위해서였다. 그들은 이러한 보물 더미를 오보라 불렀다.

오보에 이르러 나도 들은 몽골의 관습대로 돌멩이 3개를 주워들었다. 시계 방향으로 한 바퀴씩 돌 때마다 하나씩 돌무더기에 던지며 이번 여행이 무난하기를 빌었다. 기회가 닿으면 오보와 서낭당 돌무더기가 생긴 연원의 연결고리를 한번 살펴보리라. 물론 생태적인 해석을 곁들여서 말이다.

## 메뚜기를 만나다
### - 먹이사슬에 깃든 사연을 넘겨보며

넓은 초원의 풍경 사진을 한 장 정도 얻고 싶은 나는 오보 곁을 서성대는 일행을 벗어나 곧장 가까운 언덕으로 올랐다. 눈에 쉽게 확인되지 않는 수많은 생물들이 시원한 바람을 타며 합창을 한다. "부릉부릉 딱딱딱" 똑같은 소리의 반복이다. 가만히 살펴보니 메뚜기들이 전진하듯이 날지만 바람의 저항과 평행을 이루면서 공중에 머문 채 날개를 두드리며 만드는 소리다. 저렇게 애써 소리를 만드는 까닭은 그저 유희일까? 세대를 이어가기 위해 짝을 부르는 처절한 생존의 몸짓일까? 풀숲을 뒤져 메뚜기를 찾아보니 희한하게 날개가 보이지 않는다. 무슨 까닭일까? 내가 아직 자라지 않은 어린 녀석들만 본 것일까? 아니면 완전히 다른 종일까?

이 소리를 3년 뒤 몽골 항가이산맥 기슭의 초지에서 다시 만난다. 작심하고 소리의 주체를 따라 잡아 살펴보니 생김새가 완전히 다른 메뚜기다. 날개도 있다. 뒷모습만 겨우 사진에 담았다. 다가가면 재빨리 달아나는 녀석의 성마른 기질 때문이다. 여기서 만난 메뚜기의 조심성과 민첩성은 내 의식 깊은 곳에 잠복하고 있다가 뒷날 먹이사슬의 앞자리를 차지하는 먹히는 자(피식자)의 특성으로 기술된다(코카서스 답사기 참고).

초원에서 만난 메뚜기

길을 물으며 만난 주민과 게르

초원의 길과 하루 묵을
숙소 근처에 있다는
바위산의 모습

숙소의 저녁 모습. 두 기둥
위에 올린 지붕에 기와를
놓았고, 그 앞의 풀밭
끄트머리 양쪽에 하나씩
규화목을 세워놓았다.
(9일 21:17)

바위산을 뒤로한 숙소와 우물

엉기히드 폐사지

그 특성은 도망쳐야만 살아남는 자연선택의 산물인 것이다.

어둡기 전에 이르러야 할 숙소로 이어지는 길은 생각보다 멀었다. 초원 저 멀리 갑자기 나타난 검은 산줄기 아래가 목적지라는 말을 듣고도 1시간 넘게 달렸다. 초원에 아무렇게나 그어져 있는 길들은 혼란스럽다. 우리의 기사 툭소도 게르가 보이면 차를 세우기도 하고, 때로는 앞질러가는 차를 쫓아가 방향을 묻는다. 뚜렷한 지형지물이 아주 드문 몽골에서 길을 찾는 최선의 방식은 역시 현지인에게 확인하는 것이리라.

드디어 멀리 보이던 검은 산줄기에 다가서고 보니 바위투성이의 언덕이다. 그 바위 산줄기가 에워싸는 넓은 계곡 안 초원에 친 텐트 무리가 보인다. 산줄기 가까운 곳에는 몇 개의 게르도 있다. 반가움은 잠시다. 거기려니 했는데 아니다. 우리의 작은 버스는 캠프장을 지나 경사지를 타고 오르며 고개를 넘는다. 고갯길은 바위투성이로 버스가 넘기에는 불안하다. 협소한 공간에서 커다란 바위에 바퀴가 끼어 한동안 헛바퀴를 돌린다. '이런 정도의 차로 이곳을 지나가는 것은 무리가 아닌가?' 우려의 마음이 돋아나는 사이 다행스럽게도 앞뒤로 몇 번 왔다 갔다 하던 차는 난관을 벗어난다.

고개를 넘자 머지않아 우리의 목적지가 드디어 모습을 드러내었다. 멀리서 처음 본 다음 적어도 2시간 반 정도는 걸려 숙소에 도착한 셈이다. 평원의 시야가 활짝 열려 멀리 보이는 풍경이 짐작보다는 훨씬 더 먼 줄 비로소 알았다. 벌써 어둠이 조금씩 내리는 시간이다. 숙소 앞에는 커다란 규화목 두 개를 양쪽에 놓아 사람이 사는 공간의 입구임을 표시했다. 멀리서 옮겨온 것은 아닌 듯 게르 옆에도 규화목 조각들이 너부러져 있다. 이 초원도 먼 옛날 숲이었다는 징표다. 물이 넉넉하던 영화의 시절도 있었다는 뜻이기도 하다.

숙소에서는 한 무리의 서양 노인들과 시간을 같이 했다. 식당에서 만나 잠시 말을 붙여 보았더니 독일에서 왔단다. 보름 동안 몽골 여행을 마치고 이제 돌아가는 길이다. 술을 곁들인 식사자리에서도 그들은 무척 조용했다. 지칠 만큼 지친 상황이라 입이 무거운 것일까? 한쪽 팔에 깁스를 댄 분도 있고, 목발을 짚으며 어렵게 걷는 분도

암각화가 있는 바위

(왼쪽부터) 호랑이, 산양, 순록 암각화

있다. 은퇴한 부부와 친구들이 서로 도우며 노년의 삶을 보내는 한 단면이다. 불편한 몸으로 험로를 길게 여행할 용기를 내자면 약자를 돕는 마음이 함께해야 할 것이다. '왜 우리나라 사람들에게서는 이런 모습을 흔히 볼 수 없을까?' 나는 내심 물어본다.

## 암각화에 새겨진 호랑이, 산양, 순록
– 초원의 동물은 유목민의 동반자

### 2010년 8월 10일 화요일

이른 아침 잠시 바깥에 나가 보았다. 넓게 펼쳐진 풀밭의 낮은 지대로 물이 흘러간 흔적이 엿보인다. 이곳 지명이 '샘이 많다'는 뜻의 몽골어 바얀블락이니 지하수위가 지표 가까이 있을 것 같다. 역시 우물이 있고 구유 모양의 긴 용기가 있다. 가축들이 물을 먹는 곳인가 보다.

여명의 하늘 아래 저 멀리 벌써 양 떼가 풀을 뜯고 있다. 그저 한가해 보이는 풍경만으로도 길손의 마음에는 잠시 목가적인 감흥이 인다. 유목민들의 삶이 결코 편할 리가 없겠으나 스쳐 가는 길손은 겪어보지 못한 일이다. 가까이 다가갔더니 양들은 불청객을 의식하고 자꾸만 피해서 간다. 역시 초식동물은 겁이 많다.

첫날밤을 보낸 아침 우리는 갈 길이 멀어 일찍부터 서둘러 숙소 가까이 있는 암각화 몇 개를 둘러봤다. 미영도 이 지역에는 익숙하지 않은지 오토바이를 탄 현지인이 앞장서서 길을 안내한다. 암각화에는 호랑이도 있고, 산양도 있다. 순록으로 짐작되는 동물 그림도 있다. 어느 때 그려진 것인지 알 수 없지만 동물은 일찍부터 이곳 삶에서 빠뜨릴 수 없는 삶의 동반자였던가 보다. '그런데 웬 호랑이가 이곳에?' 잠시 의문을 품는다. 생각해보니 숙소에서 만난 규화목이 답이 될 듯도 하다. 이곳은 아주 먼 옛날 숲이었고, 호랑이가 포효하던 시절도 있었다는 게 아닐까? 만약 그렇다면 기후가 크게 바뀐 사연도 있었다는 뜻이다.

암각화 바위를 돌아 어제 지나쳤던 험로를 되넘고 풀밭에 들어서니 가는 길에 봤던 야영군의 규모가 그동안에 더욱 늘어났다. 밤에 더 많은 일행이 합류한 모양이다. 우리가 둘러볼 대상은 거기서 가까운 폐사지다. 협곡에 제법 넓은 공간이 있고, 그곳을 나무들이 차지하고 있다. 건물을 뜯어낸 자리에 심은 나무들일 것이다. 러시아가 몽골을 지배할 당시 절을 없애 버린 자리다. 한때 불경 소리가 들리던 공간은 이제 썰렁하다.

폐사지 뒤편 바위 언덕에 올라보니 캠프장이 멀리 보인다. 어제 저녁 이곳을 지날 때 일단의 사람들이 모여 있던 곳이다. 그들의 정체는 고비의 스텝을 달리는 국제자전거대회 참가자들이었다. 미영은 우리를 곧 캠프 앞에 있는 바위 덩어리로 이끌었다. 바위에는 구멍이 뚫려 있고, 눈병 치유 효능을 가진 약수가 나오는 곳이란다. 막대기에 매단 숟가락을 넣어보았지만 물은 없다. 자전거대회에 참가한 사람들이 몽땅 소비한 것이 아닐까?

## 어디든 가면 길이다
### - 드넓은 초원의 지형은 어떻게 만들어졌을까?

이제 고비의 풍경을 맛볼 준비가 되었다. 이날 달란자드가드(Dalandzadgad)까지 이어진 긴 비포장길은 스텝 사이로 나 있었다. 지친 차가 약간의 문제를 일으키고, 그렇게 길가에서 하룻밤을 보내야 할지 모른다는 불안한 마음이 꽤 오래 이어진 날이다. 그러나 정비 실력을 갖춘 툭소와 초등학교 3년을 한국에서 지낸 미영의 여유로운 태도가 신뢰를 얻는 시간이기도 했다. 이 여행에서 이들을 의지해도 좋겠다.

시간을 되돌아보니 길을 물을 때, 함께 서 있거나 오토바이를 함께 타고 가는 아버지와 아들을 여러 차례 만났다. 아버지와 아들로 이어지는 유목민족의 정보전달 또는 교육기회의 단면을 본 것이 아닐까? 아마도 몽골의 모녀는 가사를 나누며 시간을 오래 공유하는 지식전달체계를 가졌으리라. 자녀들의 정신적 성장을 꽤 긴 시간 공교육

바위로 잘 에워싸인 작은 유역에 자리 잡은 절터의 백양나무

자전거대회 캠프장

우물이 있는 바위 구멍을 가리키는 미영의 모습

산부추 냄새가 향긋한 풍경

만달고비 주유소에서 기름을 넣는 동안 찍은 아버지와 아들 (10일 11:14)

과 사교육에 맡기는 우리와 사뭇 다르다.

나는 할아버지에게 팽이 깎는 법을 배웠고 아버지에게 지게 지는 법을 배웠다. 내 아들은 할아버지와 제대로 만난 적이 없고, 아버지인 나보다 학교에서 더 많은 것을 배웠다. 인류 역사의 거의 대부분이었던, 유전자(생물정보)와 함께 많은 지식(문화정보)을 가족 안에서 전달하던 방식을 우리는 버렸고, 몽골의 유목민들은 아직도 유지하고 있는 것이다. '정주인들이 오랜 교육 관습을 버린 것은 과연 잘한 일일까?' 이런 상상의 자유는 내 여행의 묘미다. 이 묘미는 내가 하고 싶은 공부를 마음껏 할 수 있고, 곁들여 이런 여행을 해야 하는 직업을 선택한 선물이기도 하다.

만달고비에서 기름을 채운 차는 다시 길을 재촉한다. 고비의 땅은 남으로 갈수록 더욱 메마르고 풀은 듬성듬성 나있다. 아래 사진은 이날 오후에 만난 풍경들이다. 그 풍경은 말한다. 말달리기 명수인 칭기즈칸의 후예들은 자동차도 말처럼 모나 보다. 어디로도 탈것을 이끌 수 있다는 마음가짐과 그 태도를 실망시키지 않는 드넓은 땅은 이제 초원을 넓게 헤치는 단초가 되고 있다.

어디든 말을 몰듯이 가면 길이 되는 이런 지형은 어떤 과정으로 생겼을까? 나는 간단히 '비가 적으니 물길이 깊이 생길 만큼 침식되지 않겠다.'고 짐작한다. 사진 몇 장을 이메일에 붙여 보내며 지형 전문가에게 문의해보니 다음과 같은 의견을 보냈다. 대략 보고 섣부른 대답을 할 만큼 가볍게 보이고 싶지는 않다는 마음이 엿보인다.

몽골 지형은 저도 공부하지 않아서 잘 모르겠지만, 빙식평원이 아닐까 추측해 봅니다. 빙하기에 빙하가 깎아낸 다음 풍적토(loess)로 덮인 곳들이 대체로 이런 올망졸망하고 완만한 평탄지를 만들게 됩니다. 물론 비가 오지 않으니 그 뒤에 빗물에 많이 깎이지도 않았겠지요. 공부를 좀 더 한 뒤 추가할 이야기가 있으면 연락드리겠습니다.

아쉽지만 추가 이야기를 들을 기회는 없었다. 풍경 사진을 보고 쉽게 답을 할 수는

낙타가 있는 초원의 길. 어디든 길이다.

없는 법이고, 이런 짐작을 통해서 생각거리와 연구 방향을 찾아가는 것이 공부다. 기반 암석 – 지형 – 토양 – 식물 – 동물의 관계가 큰 틀에서 어느 정도 연결이 되리라는 생각은 나이가 한참 들고 경관생태학을 공부한 다음부터 가지고 있다. 학생 때 지형과 암석에 대한 기초 공부를 해두었더라면 내 사고의 폭이 훨씬 넓어질 수 있었을 터인데 그러지 못했다. 우리의 학문 풍토는 내게 그런 길을 허용하지 않았다. 생물도 식물과 동물, 미생물 3개의 학과로 나뉘어 식물만 배우며 자랐다. 그런 과정에 얻은 제한된 배움은 내가 늘 품고 있는 아쉬움이고, 후학들에게 들려주고 싶은 이야기다. 진정 융합의 길에 동참하려면 젊은 날 폭 넓은 공부를 해두어야 한다.

초원의 길을 지난 다음 우리는 내리쬐는 뙤약볕과 몸을 가누기 어렵게 하는 강풍을 피해 버스 안에서 아침에 준비한 도시락을 비웠다. 그리고 고비로 이어지는 남행길은 땅이 더 메마르고 풀이 듬성듬성 나타나는 사막스텝이다. 달란자드가드에 이르기 전에 우리는 사막스텝을 만났다.

달란자드가드에 도착한 오후 6시부터 이곳저곳을 수소문하여 미니버스의 훼손된 부속과 수리 기구를 구하는 데 한 시간 남짓 걸렸다. 우리의 믿음직스러운 기사 톡소와 미영은 미영의 고모가 운영하는 음식점에 먼저 들러 정보를 얻은 다음 물어물어 간 정비소에서 부속을 구하고 또 물어물어 찾은 트럭 운전사에게 수리 도구를 구했다. 그 사이 우리는 러시아산 아이스크림을 먹으며 차가 만드는 좁은 그늘에서 더위를 식혔다. 지나가는 몇몇 몽골 아가씨들이 "안녕하세요." 한다. 이곳에도 한국 사람들의 모습이 나타났거나 다녀온 사람이 있다는 증표다. 조금 전에 미영에게서 배운 몽골 인사말 "바이르 태" 하고 대답했더니 저들끼리 키득거리며 지나간다. 우리가 미영의 할머니 댁에서 유목민의 따뜻한 길손님 대접 방식을 경험하는 동안 고장 난 차를 고친 기사는 태연히 돌아왔다.

다시 길을 달려 해질녘이 되었다. 일행 중 한 학생이 산양이 있다면서 멀리 작은 언덕 꼭대기를 가리킨다. 미영이 그 말을 듣고는 사람들이 만들어 세운 것이란다. 주변

달란자드가드 가는 길의 사막 스텝

을 둘러보니 높은 곳에는 곰도 있고 늑대도 보인다. 모두 만들어 세운 것들이다. 사라져간 동물들에 대한 그리움의 표현일까?

이날 달란자드가드에서 차를 고친 다음 30km 가량의 험로를 거쳐 어둠이 내릴 무렵에야 게르에 이르렀다. 몽골 풍경의 또 다른 진미는 수많은 별이 다가오는 밤하늘이지만 사진으로 전달할 수는 없다.


## 세계 최대의 공룡 화석 발굴지를 가다
- 공룡 골격뿐만 아니라 알도 발견되어

### 2010년 8월 11일 수요일

전날 저녁 비교적 여유롭게 목적지에 이르렀다. 덕분에 몸도 말끔히 씻고 비교적 잘 잔 날이라 아침부터 개운하다. 주변을 둘러볼 여유가 있어 오랜만에 혼자 언덕을 올라본다. 내려오는 길에 독사를 한 마리 만났다. 이 뱀은 초원의 먹이사슬을 잇는 하나의 고리(영양단계)다. 풀을 갉아먹은 메뚜기는 개구리나 도마뱀이 낚아채고, 뱀은 이들을 향해 아가리를 벌린다.

숙소인 칸보그드(Khanbogd) 가까이 있는 얼링암(대머리독수리 계곡이라는 뜻)에서 오전을 보냈다. 기암절벽으로 에워싸인 좁은 협곡을 지나는 길은 잠시 휴식의 시간을 베풀었다. 물이 흐르고 아름다운 꽃이 있는 땅이다. 협곡을 빠져 나오는 길, 비탈을 힘겹게 차지한 초지에 기는 듯이 때로는 둥글게, 때로는 아무렇게나 만들어진 초록의 얼룩이 내 호기심을 끈다.

얼룩의 실체는 낮게 자라는 나뭇가지들이 얽혀 만든 무더기다. 아마도 동물들이 옮긴 씨앗이 풀밭에 떨어져 움튼 나무가 세력을 뻗쳐가는 과정일 것이다. 낮지만 숲으로 불러야 할 그 짙은 녹색 조각은 풀밭 바탕에 수를 놓으며 사막의 오아시스마냥 새로운 생태적 과정을 불러오고 있으련만 아직 깊은 이치는 말할 수 없다. 다만 상상할 뿐

얼렁암 계곡 풍경 (11일 12:18, 13:00)

언덕에 올라 바라본 숙소 전경과 뒤쪽으로 있는 말라버린 물길

바얀작 공룡 화석 발굴지 풍경. 멀리 보이는 지평선 오른쪽 끝 부분에 작은나무숲이 희미하게 보인다.

이다. 더 거친 줄기와 잎으로 바람에 날리는 먼지와 티끌을 쌓고, 물을 모아 가녀린 풀들을 밀어내고 있는 것이 아닐까? 쌓인 부식질은 토양 깊은 곳으로 물을 스며들게 하고, 메마른 풀밭보다 풍성한 자연을 가꾸는 것이다. 그렇다면 이 그림은 나무가 그리는 것일까? 물이 그리는 것일까?

오후에는 세계 최대의 공룡화석 발굴지인 바얀작(Bayanzak, 작이라는 나무가 많은 곳이라는 뜻)으로 이동했다. 우리는 이곳에서 발굴한 공룡 골격 하나를 이미 울란바토르 자연사박물관에서 보고 왔다. 이곳에서 1922년 공룡 화석 두 개를 발굴하여 하나를 다른 나라에 팔았다고 미영이 말했는데, 사실은 미국에 불법으로 운반되어 시카고

필드박물관(The Field Museum)에 보관중이며 몽골에서 반환절차를 밟고 있다는 이야기도 있다. 이곳에서 30여 개의 공룡 알을 발굴함으로써 세상 사람들은 비로소 공룡이 알을 낳는다는 것을 알게 되었다. 이 화석 알들은 지금 뉴욕의 자연사박물관에 전시되어 있다. [1]

이곳을 발굴한 미국의 앤드루스(Roy Chapman Andrews, 1884~1960년)는 입지전적 인물이다. 미국 자연사박물관에서 건물바닥을 닦는 청소부로 시작해 관장까지 오른 탐험가이며 박물학자였다. 1912년 우리나라에 일 년 동안 머물며 연구하고 1914년에 발표한 논문에서 귀신고래를 두 가지 계통으로 나누고 울산에서 관찰한 귀신고래에 한국계 귀신고래(Korean Gray Whale)라는 이름을 붙여주었다. 그 앤드루스가 바얀작을 '불타는 절벽(flaming cliff)'이라 했다더니 이름에 걸맞게 깊이 수직으로 잘려나간 토양은 붉은빛에 가깝다. 아마도 여기에 석양의 빛이 내리쬐면 불타는 절벽의 장관을 즐길 수도 있을 듯하다.

오늘은 숙소에 더욱 일찍 도착했다. 작나무숲은 한 점 청량감을 보탠다. 얼마 만에 만난 넉넉함인가? 땀과 모래에 절은 몸을 시원하게 씻을 수 있어 더욱 좋다. 샤워장에서 만난 젊은 서양 관광객과 잠시 나눈 이야기도 신선하다. 처음 만나는 사람들은 으레 "어디서 왔니?" "몇 명이니?" "몽골에 얼마나 있었니?"로 인사를 시작하며 화제를 찾는다. "한국에서 왔어. 기사 한 명, 안내 한 명, 우리 일행 8명이야." "우리는 독일에서 왔어. 기사 한 명, 안내 한 명, 요리사 한 명과 함께 다녀. 저쪽에 텐트를 치고 여기서 샤워를 하는 거야." '그런 방식도 있구나.' 여유를 가지고 요리를 하며 다니는 것도 좋고, 더구나 스스로 텐트를 치는 운행 방식은 부러웠다.

---

1  www.google.mn 몽골어 자료를 유학생 쿨란이 옮김.

# 고비의 모래바람을 온몸으로 맞으며
− 모래바람과 작나무가 지형을 바꾸다

## 2010년 8월 12일 목요일

밤에는 바람 소리에 열 번도 더 잠이 깼다. 고비의 바람 맛을 온몸으로 톡톡히 겪은 날이다. 간밤에 분 바람으로 게르 안에는 모래가 잔뜩 쌓였다. 아무 생각 없이 열어놓고 잤던 가방 안은 먼지투성이다. 이것은 고비 모래바람의 한 자락일 뿐이다.

우리는 여전히 기세가 꺾이지 않은 아침 바람을 등으로 맞으며, 사람들이 땔감을 너무 많이 채취해서 망가졌다는 작나무숲에 가봤다. 지금은 정성껏 보호를 하는 구역이다. 붉은빛의 가는 모래층 위에 굵은 모래들이 쌓여 비교적 단단한 언덕을 이루어 토층의 깊이가 수 미터 정도 되겠다. 그 땅에 작나무들이 뿌리를 내렸다. 수직으로 깎여나간 지대에 드러나 있는 뿌리를 보니 내 키를 넘어선다. 아래층은 아마도 오랜 세월을 거치며 켜켜이 쌓인 다음 압력을 받아 제법 굳어진 형상이고, 위의 모래층은 바람에 날려 와서 식물이 만드는 표면 거칠기에 의해 쌓인 듯하다. 지형 형성 과정과 바람과 식물의 작용으로 만들어진 경관 요소인 것이 분명해 보이는데 그 이상의 해석을 하기는 어렵다.

사진을 식물전문가 한동욱 박사에게 보이고 다음과 같은 의견을 들었다.

몽골의 작나무를 찾아보니 우리나라에서는 색솔나무(Saxaul tree)라 부르고 있네요. 위키피디아에서는 비름과로 소개되어 있지만, 다른 자료에서는 명아주과(Chenopodiaceae)라고 기록되어 있습니다. 제가 직접 보지 못했지만 외형은 명아주과에 가까워 보이네요. 학명은 *Haloxylon ammodendron* (C.A. Mey) Bunge입니다.

작나무숲에서 숙소로 돌아오는 길, 앞에서 밀고 오는 바람으로 걸음을 옮기기 힘

아침에 가본 작나무숲과 뿌리가 드러난 모습

마을 70주년 잔치

말라버린 옛 물길을 따라 서 있는 엉긴히드 부근의 느릅나무

들다. 그래도 내게는 진기한 경험이라 싫지 않다. 장난삼아 죽은 떨기나무에 걸려 있는 빈 맥주 깡통 하나를 슬쩍 건드려 본다. 깡통은 자유를 만끽하며 달리는 말처럼 수십 미터 저편의 작나무숲으로 뒹굴어져 간다. 게르의 출입구는 남쪽으로 낸다고 미영이 말했으니(지난밤 게르 뒤쪽 밤하늘에 북극성이 약간 오른쪽으로 틀어져 있던 것을 보았다.) 아침 바람은 동쪽으로 불고 있는 셈이다. 그러니 나는 동쪽에서 서쪽으로 게르를 찾아가고 있는 것이다.

점심시간이 되기 전, 황량한 스텝에서 지하수로 농사를 짓는 농가에서 멜론과 수박을 샀다. 어디든 물이 있으면 식물은 자라는 법이다. 다만 의지가 '지나친 것이 문제가 될 때도 있는데……' 조심성이 많은 내게는 사막의 녹색혁명이 왠지 위태해 보인다. 이 농사가 지속가능할까?

과일을 사고 우리는 잠시 어디에 담아갈 것인지 고민했다. 낡아빠진 농부의 헝겊 주머니를 아무 생각 없이 요청했다가 거절당했다. 그에게 그만큼 귀중한 물품이다. 나는 잠시 학회에 갈 때마다 받아온 간이 가방이 우리 집에서 대접을 받지 못하고 있다는 사실이 떠올랐다. '다음에 몽골에 올 때는 그것을 몽땅 싸들고 와야겠네.'

곧 자그마한 마을에 이르렀다. 마침 진행되고 있는 마을 조성 70주년 행사를 구경하는 여유를 부리고, 바람에 날리는 먼지를 피해 버스에 앉아서 챙겨온 도시락으로 배도 채웠다. 먹고 나면 또 먼 길을 떠나기 전에 버려야 하는 법이다. 이때 들러본 화장실은 앉아서 일을 보기에 불안할 정도로 깊었다. 고향집에 가면 며칠 동안 변을 못보는 아들 녀석이 생각났다.

이날의 목적지 차간어워의 숙소 가까이 있는 폐사지 엉긴히드에는 제법 물이 흐르는 옹기강이 있다. 사원은 강의 이름을 따서 지었고, 예전에 물길이 있었다는 모래와 자갈 바닥을 따라 느릅나무(정확한 분류학적 명칭은 불확실)들이 한 그루씩 서 있다. 느릅나무 옆에 유니폼을 입고 서 있는 강신규 교수 모습이 내게는 특별하다. 유니폼은 중국 땅이 된 남몽골(흔히 중국 중심으로 네이멍구라 부르지만) 쿠부치사막 나무심기 행사에 참가했을 때 받은 것이다. 사업 주체의 요청을 받고 돕기로 했던 나는 생태적 복원을 기대하며 여러 전문가들을 그곳으로 초청했고, 강신규 교수는 함께 갔다. 그러나 이 참여는 내 애초의 기대대로 진행되지 못했다. 나는 건조 지역에 물을 많이 소비하는 나무를 많이 심는 운동에 동조하지 않는다. 모든 좋은 것도 자연의 순리와 적당한 수준의 조화를 이룰 때 지혜롭다. 그러나 사막화 방지사업의 주체는 내 이러한 조언을 들으려고 하지 않았다.

강신규 교수가 올려다보고 있는 큰키나무가 자란다는 것은 뿌리 아래 지하수나 물기가 있다는 뜻이다. 그러나 나무들이 거리를 두고 있는 까닭은 물이 넉넉하지 않은 탓이다. 이런 곳에 숲을 만들어도 지속가능하기 어려울 터인데 사막의 산림녹화는 어떻겠는가? 이곳도 사막화된 땅도 결국은 물이 문제다.

## 사막에 비를 몰고 다니는 용띠
– 말라버린 호수와 물길은 흔적만 남아

### 2010년 8월 13일 금요일

엉긴히드 폐사지는 강을 사이에 두고 양쪽으로 있다. 어제 가본 경사지는 유적 일부가 복원된 곳이고, 강 건너편은 비교적 넓은 평지로 완파된 건물들의 흙벽만 일부 남아 있다. 아침에 흙먼지가 풀풀 날리는 그 지역으로 아침 산책을 나가보았다. 내 눈에 그다지 신기한 볼거리를 찾을 수 없었지만 조금 떨어진 언덕에서 더 넓은 시야로 조망할 수 있어 좋다. 어디로 둘러보아도 낮은 곳을 제외하고는 나무가 아예 들어설 기미를 보이지 않고, 풀조차 덮이지 않은 풍경이 황량하다.

한국 땅에서는 보기 어려운 이색적인 풍경을 혼자서 즐기고 있는 사이 우리 일행이 저 멀리서 다가오고 있다. 잠시 그들과 조우하고 다시 혼자가 되었다. 봉우리를 내려서 고개를 넘어 작은 와디(물이 마른 강) 지역으로 가보았다. 고개 너머는 언제나 신

물길(사진의 위쪽 1/3 부근 약간의 녹색이 보이는 선 주변)에 의해 사진의 위아래로 나뉜 엉긴히드 폐사지가 보이는 전경. 아래 사진 꼭대기에서 찍었고, 중앙 아랫부분에 다가오는 두 사람이 점처럼 보인다.

와디에서 바라본 산꼭대기의 일행 세 사람

마을의 공동화장실

오누이 같은 기사와 미영.
비에 촉촉이 젖은 초원의 길을 주시하고 있다.

겨울 축사. 그 앞에서 길을 잃은 기사 툭소가 길을 묻고 있다.

비로운 곳이라 일부러 찾아본 그곳에는 그다지 새로운 모습이 없다. 현재 상태로는 먹을 것을 얻을 수 있는 토지가 되기에는 물이 너무 적어 황량한 경치만 있는 땅이다. 한때 대사찰이 있었던 엉긴히드는 처참하게 무너진 것이다. 그 무너짐이 자연과 사람의 관계 안에서 이루어진 것이리라.

차간어워를 떠나 하르호린(Kharkhorin) 가까이 있는 바얀고비의 비칙트하드로 이동한 날이다. 오전에는 산부추 냄새가 나는 지역을 지나, 풀들이 기세가 꺾인 건조한 사막스텝을 이동했다. 지금까지 왔던 길과 크게 다르지 않게 때로는 양 떼가 나타나는 풍경이 계속된다. 아직은 고비 언저리를 크게 벗어나지 못한 셈이다.

사막 일대에 비가 조금씩 내린다. 사막에서 비를 몰고 오는 사람은 반갑다고 했는데……. 용띠인 나는 희한하게도 딱 한 번 가본 타클라마칸사막에서도 비를 만났다. 비 덕분인지 무덥던 날씨는 찬 기온으로 바뀌었다. 우리는 솜에 이르러 식당을 찾았다. 황량한 풍경과 강풍 속에서 도시락만으로 한 끼를 해결하는 초라한 경험을 우리 모두 피하고 싶었던 것이다. 이곳저곳을 기웃거리고 물어서 식당을 하나 찾았다. 따뜻한 물이 고맙고, 감자와 양고기를 넣고 끓인 국은 먹을 만했다. 어린 남동생을 돌보는 자매가 있는 식당 분위기는 훈훈하다. 여행은 사람 사는 모습을 보는 묘미도 있어야 하는 법이다.

목적지 반대방향으로 1시간 남짓 달렸다. 솜을 떠날 때 주민이 길을 잘못 알려준 것이다. 어쩌면 우리의 기사가 잘못 들은 탓인지도 모른다. 나중에 만난 다른 사람이 알려준 방향으로 길 없는 초원을 마구 달리다가 한참 동안 길을 잃기도 했다. 초원에 반가운 비가 내리건만 혹시라도 버스가 수렁에 빠질까 염려되는 불안한 시간 속에서도 역시 기사 툭소와 안내 미영은 의연하다. 그 모습만으로 우리는 충분히 안심이 된다.

고비에서 우리처럼 여행하는 미니버스를 만난 적이 없다. 길을 잃고 헤매던 우리는 인가를 찾았다. 가끔 사람들이 만든 구조물이 있어도 인기척조차 없는 곳도 있다. 미영은 겨울 마구간이라고 한다. 찬바람이 부는 겨울에 동물들이 피할 수 있는 마구간이라지만 내 눈으로 보면 참으로 허술하다. 대략 뒤쪽으로 돌담을 쌓고 지붕을 얼기설기 덮은 다음 판자로 옆을 가린 정도다. 없는 것보다 낫겠지만 혹한이 오면 어떻게 하나. 몇 년 만에 찾아오는 겨울의 맹추위로 가축들이 대량으로 죽는다는 몽골의 대재앙, 조드(Zud 또는 Dzud)가 왜 일어나는지 짐작하겠다.

게르가 보이면 굳이 길을 찾을 필요가 없다. 즉각 목적지를 향해 방향을 틀고 일직선으로 달리면 된다. 그렇게 달려갈 수 있는 지형은 이럴 때를 위해 있는 모양이다. 다행히 비는 내리고 하늘은 흐려도 시야가 아직은 열려 있다.

멀리 물이 잔잔하게 고여 있는 호수가 보인다. 저 호수는 말라가거나 비가 올 때 일시적으로 고이는 곳인지도 모른다. 지난 10년 사이 몽골에서 수백 개의 호수가 말라버렸다는 소식을 들은 우리에게 사라져 가는 호수를 확인하는 것도 이번 답사의 중요한 목적이다.

몇 번 게르를 만난 덕분에 드디어 길을 찾았다. 비는 기세를 바꾸어가며 계속 내린다. 이렇게 되면 답사에 차질이 생긴다. 차창에 앉은 빗물은 얼룩이 되어 빠르게 달리는 차 속에서 바깥 풍경을 사진기에 담지 못한다. 가끔 문을 열어서 촬영을 시도해보지만 그것은 일종의 모험이다. 바람과 함께 달려드는 빗물을 피할 방도가 없다.


# 붉은색 식물의 정체를 밝혀라
## - 내륙에서도 염생식물이 자랄 수 있을까?

문득 차창 밖으로 제법 넓은 면적의 붉은색 식생지대가 스친다. 어쩌면 염생식물일지도 모른다. 서둘러 사진 3장을 찍었다. 빗물이 렌즈를 건드려 겨우 1장 정도는 아쉬운 대로 볼 만하다. 중국 땅이 된 남몽골 쿠부치사막 부근의 황하 지류에서 염생식물을 목격한 적이 있다. 수십 년 이상, 관개를 한 경작지나 유출수로가 없는 호수에서 끊임없이 물이 증발하다 보면 토양에 소금기가 누적되기도 한다. 때로는 폭우가 그 소금기를

물이 고인 저지대의 붉은색 식물

염생식물일까? (8월 14일 09:46)

씻어 내리기도 하지만 유출수로가 없는 호수에서는 빠져나갈 곳이 없다. 그래서 저 붉은빛은 칠면초나 해홍나물 또는 나문재거나 비슷한 식물일 것이라 추측했다.

인천공항으로 진입하는 길 양쪽을 내다보면 가끔 이 식물들이 지천으로 깔려 붉은빛이 드러난 바다 바닥을 덮는 때도 있다. 갈대밭으로 유명한 순천만의 붉은색 장관도 이런 종류의 염생식물이 그리는 그림이다. 언뜻 붉은색은 소금기가 일으키는 생리작용과 관련이 있을 수도 있겠다는 생각을 해본다. 그렇다면 몽골의 토양염화 현상도 인공위성 영상 분석으로 어느 정도 확인할 수 있겠다. 강신규 교수가 분석하고 있는 식물의 물이용효율(water use efficiency)과 물이 줄어들고 있거나 사라지는 호수들의 위치, 토양염화 정도 분포도를 겹칠 수 있다면 뭔가 흥미 있는 연구 결과를 얻을 수도 있겠다는 상상으로 이어진다. 이런 착상은 현장에 왔기 때문에 얻는 일종의 수확이다.

다음 날 나는 한몽리조트 사구 아래를 걸으며 붉은빛이 나는 식물을 가까이서 볼 기회가 있었다. 이 식물 또한 토양염화와 관련이 있는지 아직 확신을 할 수 없지만 실체를 확인하기 위해 사진에 담았다.

사진을 식물전문가 한동욱 박사에게 보내 자문했더니 친절하게도 자료를 찾아보고 의견과 함께 염성소택에 관한 정보까지 회신하여 공부하게 한다.

"사진에 보이는 염생식물은 명아주과는 확실한데 해홍나물속(Suaeda)인지는 불분명해 보입니다. 오히려 갯능쟁이와 비슷해 보이기도 하고……" 정확한 이름이 무엇이든 소금기와 관련이 있다는 말이다. 그렇게 받은 인터넷 자료를 근거로 몽골에서 만들어지는 종착호수(terminal lake)에 대한 공부를 조금 더 해보았다.

종착호수는 지질 과정으로 생긴 산줄기로 사방이 에워싸인 유역에 생긴다. 호수가 크든 작든 물이 밖으로 흘러가지 못하는 오목한 땅에서 생긴다는 뜻이다. 지표로 흘러나가는 유수구가 없어 물이 하늘로 증발되거나 지하로 침투될 뿐이라 환경오염 물질의 유입에 민감한 것이 특징이다. 흘러든 물이 증발하면 높은 농도의 염류와 토양침식 물질을 남기고, 긴 세월이 흐르면 소금기가 농축되어 염호가 된다. 물과 토양에 소금과

탄산나트륨, 황산나트륨 등이 집적되어 제한된 생명체들이 서식하고, 건조한 몽골과 중앙아시아, 유럽, 북미 지역에 주로 발견된다.

바깥에는 세찬 바람이 분다. 비는 여전히 내리고 길은 질척거린다. 그래도 차창 밖으로 지나가는 볼거리들에 우리는 지겨운 줄 모르고 여정을 계속한다. 식물들도 살 만할 정도로 비가 오는지 점점 싱싱해 보인다. 사실은 모르는 사이에 이미 고비를 벗어나버린 것이다. 그 길에서 한 떼의 두루미도 만나고, 양 떼를 모는 목자도 만났다. 우비를 입은 목자는 말 대신 오토바이를 타고 있다. 바뀌고 있는 새로운 몽골 유목문화의 일면이다.

어둑해질 무렵 드디어 우리는 포장도로에 도착해 안도한다. 그러나 희한하게도 우리 차량은 열악한 길에서는 잘 견뎌내더니만 두 번이나 타이어 펑크를 낸다. 그때마다 랜턴을 비추면 기사는 추위와 바람, 빗속에서 별일 아니라는 태도로 타이어를 갈았다. 미영은 이런 일이 늘 있는 일이라 새삼스러울 것도 없다며 여유롭다. 두 번의 타이어 교체는 일정을 지연시켜 숙소에 들어서니 9시 20분이다. 그래도 우리는 의연했던 모양이다. 고비에 다녀온 사람들은 침묵으로 힘들었던 여정을 드러내는 법인데 그렇지 않은 우리들이 의아스러웠다는 뒷말이 있었다. 무엇이 우리를 긴 고비의 노정에서 생기를 유지하게 했을까?

식당에는 한 무리의 관광객이 있다. 식탁에는 소주병이 몇 개 보인다. 남자들은 한국말로 얘기를 하고 여자들은 입을 꾹 다문 굳은 표정 일색이다. 언뜻 봐도 분위기가 무척 어색하다. 그런 부류를 한눈에 알아본 미영은 가만히 말한다. 그녀의 눈에는 슬픔이 언뜻 스쳐간다. 그들은 성매매 관광에 뜻을 두고 몽골을 찾은 한국남성들이다. 그날 밤 이웃 게르 안에서 한 사람의 아주 희한한 영어 표현을 듣는다. 우리말 단어가 포함된 콩글리시다. 우리는 그렇게 미영의 말이 틀림없다는 사실을 확인했다. 식당 바로 옆자리에 앉았던 그 사람들이 한국말을 쓴다는 이유만으로 우리에게 말을 걸지 않은 것만도 다행이다.

두루미 떼 (18:05)

양 떼와 오토바이를 탄 목자 (19:00)

# 넓은 초원과 풀 뜯는 가축이 있는 풍경
－풀에서 매로 이어지는 초원의 먹이사슬

**2010년 8월 14일 토요일**

아침에 잠시 내다보니 숙소 뒤쪽의 기암이 눈에 익다. 2002년 또는 2004년에 본 적이 있다. 그때는 이곳에 숙박 시설이 없었다. 그런데 미영은 내가 하룻밤 묵은 숙박시설을 7년 전에 지었다고 했다. 그렇게 날짜를 따져보면 2004년은 6년 전이니 내가 온 해는 2002년이겠다. 그동안 몽골을 찾는 관광객이 늘어나면서 생긴 변화일 것이다.

숙소를 떠나 하르호린으로 향하는 아침 공기는 제법 시원하다. 고비를 거친 내 눈에는 땅을 덮은 풀이 더욱 무성하고 양 떼 등의 가축 규모가 크게 보인다. 금방 도착한 유원지 입구에 '한몽리조트'라는 간판이 세워져있다. 1990년대 몽골에 처음 왔을 때 나는 우리나라에서 지형을 마구 바꾸며 만드는 골프장의 대안을 떠올렸다. '몽골에서 말타기와 골프를 묶는 패키지 관광을 개발해보면 어떨까?' 그런 내용을 제안했을 때 반대 의견을 들었다. "긴 겨울 날씨가 걸림돌이 되어 관광지 개발이 쉽지 않을 것이다." 그런데 내 생각이 그렇게 무리는 아니었던가 보다. 울란바토르에 거주하는 교민들과 음식점, 호텔은 크게 늘어났다. 이제 양적인 증가에 비해 한국과 몽골의 아름다운 관계를 이끌 질적인 향상이 우리 앞에 놓여 있는 숙제인 듯하다.

한몽리조트가 있는 일대를 '사막을 나눈다'는 뜻의 '엘승타슬하'라고 부른다. 말 그대로 양쪽으로 사막이 있는 초원과 숲 지역이다. 물길이 적어도 땅속으로라도 흘러가는 지역일 터이다. 역시 "모래 언덕에 드물게 수풀이 있고, 강가에는 작은 수림이 있는 몽골의 전형적인 산과 숲이 고비사막과 비슷한 풍경과 어우러져 있는 곳"이라 한다. 그 풍경 안에 원래는 말이나 낙타를 타는 관광이 계획되어 있지만, 미영은 굳이 구체적인 즐길 거리를 알려주지 않는다. 안내의 본분을 잊은 태도다. 고비를 벗어난 일정이 안내의 긴장감을 풀어놓았나 보다.

비칙트하드 숙소 주변에서 만난 아침 풍경

오전 바얀고비의 한몽리조트 가는 길에 만난 풍경

한몽리조트 사구에서 바라본 하늘

형편은 중국 둔황의 밍사산(鳴沙山) 관광 지역에 비하면 초라하다. 바라보고 오를 수 있는 언덕이 높고, 모래 썰매를 탈 수 있는 밍사산과 다르지만 넓게 깔린 초원과 풀을 뜯는 가축을 보는 풍경은 관광의 들뜬 마음 대신에 풍성한 여유를 안겨준다. 나는 그 느낌을 가슴에 담고 사구 위를 걷는 1시간의 자유를 누렸다.

몇 마리 매가 한몽리조트 하늘 위로 유유히 날더니 하르호린으로 이동하는 길에는 더 많이 보인다. 여기까지 오는 동안 매는 심심찮게 봤다. 초원의 하늘을 나는 매가 많은 까닭은 뭘까? 내 잠정적인 답은 숲에 비해 하늘에서 먹을거리를 발견하기 쉬울 것이라는 정도다. 리조트 풀밭에는 두더지들이 부풀려놓은 듯한 흙무더기가 꽤 많이 모여 있다. 소형동물이 사는 것으로 짐작되는 땅굴도 여럿 보인다.

울란바토르를 떠나던 날 오보를 보기 위해 처음 버스가 섰을 때 나는 언덕에서 수많은 메뚜기 떼를 봤다. 엉긴히드의 어디선가 모래 위를 다니는 도마뱀을 봤고, 리조트 낮은 곳에서는 작은 개구리도 만났다. 내가 지극히 우연히 서로 다른 곳에서 만나긴 했지만 이들은 모두 이곳 풍토에 적응하여 살아가는 야생의 생물이다. 이들은 풀–메뚜기–도마뱀 또는 개구리–땅쥐–매로 이어지는 먹이사슬을 이루며 살아갈 가능성이 높다는 상상을 해본다.

최종목적지 하르호린의 풍경은 넓고 시원했다. 2004년 이곳에 처음 왔을 때는 몰랐는데 멀리 물길이 보이고, 중국에서 많이 볼 수 있는 긴 방풍림도 농경지 사이로 뻗어 있다. 이곳이 수도일 무렵 농업용수를 얻기 위해 물길을 만들었지만 이제는 사람이 적어 농사를 그다지 짓지 않는다고 미영이 알려준다.

에르덴조사원의 풍경은 여전히 황량하고, 단청을 하지 않은 건물은 누추하다. 그래도 이전에 비해서 새로 꾸민 흔적이 뚜렷하다. 긴 여정을 거쳐 이곳에 데려오면 한국의 관광객들은 실망하고 때로는 화를 내기도 한단다. 100여 개의 사찰이 있었지만 공산정권에 의해 파괴되고 지금은 3개가 남아 있는 정도로 넓은 풍경이 황량하니 성마른 태도가 이해는 된다. 3개의 절을 차례로 돌아보며 현지 안내인과 함께 미영은 어느 때

한몽리조트 초지에 동물이 만든 흔적(위)과 하르호린의 에르덴조사원(아래)

오보와 카닥 뒤의 철망 안에 갇힌 오래된 남성 성기 조각(위)과 언덕에 우뚝 솟아 있는 현대 작품(아래)

보다 성의 있는 설명을 했지만, 인간의 삶보다는 자연에 마음이 가 있는 나에겐 건성으로 들렸다. 주말이라 그런지 찾아와 기원의 마음을 표현하는 사람들로 제법 활기를 느낄 만했다.

사원을 이웃한 곳에는 남성의 상징을 본뜬 조형물이 있다. 그곳에 잠시 차를 세운 미영은 불교가 성행하던 원 제국시대에 바람을 피던 스님들을 막기 위해 세운 것이라고 소개한다. 이 이야기에는 뭔가 미심쩍은 구석이 있다. 하필이면 그것이 있기 때문에 바람이 가능한 남성의 상징물을 세웠을까? 이열치열과 같은 이치도 아니고. 사실은 6년 전 바로 그 자리에서 들은 내용과 조금 다르다. 라마교에서 스님들의 성관계를 허용하던 당시의 풍속과 관련이 있는 유물이라 했다. 성 기능을 잃은 노인들은 그 꼿꼿한 물건을 보며 마음을 달래도록 했다는 것이다.

조형물을 만지면(또는 걸터앉으면) 석녀가 아들을 낳는다는 전설이 있고, 멀지 않은 과거에 어느 외국 여인이 효험을 봤다는 이야기도 그때 들었다. 그런 까닭인지 동물 기름을 바르는 몽골인의 기원방식으로 매우 지저분해진 유물은 이제 철망 안에 갇혀 버렸다. 대신에 가까운 언덕에는 규모가 훨씬 크고 형상도 아주 적나라한 새로운 조형물이 생겼다. 6년 전에는 없던 이 물건은 오히려 사람의 눈길을 더 끄는 듯하다. 옛것을 빌려 새로운 흥미를 끌어낸 시도라고 할까?


## 양 떼를 만나면 사진을 찍는 편집증
### - 초지를 훼손하는 주범은 양일까, 염소일까?

이제 울란바토르로 돌아가는 길이다. 초원의 양 떼를 만나면 사진기를 작동시키는 편집증이 발동한다. 생각은 양 떼라고 하지만 사실은 양과 염소가 섞여 있다. 진귀한 풍경에 마음을 두고 사진기를 누른다. 차 안에서는 양과 염소를 분명하게 구분하지 못한다. 염소는 몇 해 전까지만 해도 시골에서 어머님이 한두 마리 기르셨기 때문에 무의식적으로 넓은 초원에서 유유히 풀을 뜯는 동물들을 모두 양으로 보는 버릇이 생긴 듯하다.

정확한 통계는 나중에 검토해야 하겠지만 이와 관련된 이야기를 들을 기회가 있었다(서울대학교 유원수 박사 정보). 1990년대 몽골에 양과 염소는 각각 대략 1,300만 마리와 400만 마리 정도 있었다. 지금은 염소의 숫자가 1,800만 마리 정도이며, 양이 오히려 염소보다 적다. 몽골 사람들이 지난 20년 가까이 양보다 염소를 선호하게 된 까닭은 몇 가지 있다. 중국에서 캐시미어를 비싼 값에 구입하면서 돈이 더 되는 가축을 선호하게 되었다. 캐시미어 가공은 중국에서 한다는 내용이 이때는 불확실했다. 여행은 불분명한 정보를 내 머릿속에 넣어주고, 나는 잊어버릴까 적은 다음 나중에 사실을 확인했다.

양은 한곳에 오래 머물면서 식물을 뿌리까지 먹어치워 초지를 훼손하는 경향이 있다. 이동성이 큰 염소를 함께 방목하면 양이 함께 따라가기 때문에 훼손 정도를 줄일 수 있다. 늑대가 공격할 때 겁을 먹은 양들은 흩어져서 어린 양과 늙은 양이 쉽게 희생되지만 염소는 모여서 대항하는 자세를 취한다. 그렇게 염소가 시간을 끌어주면 주인이 늑대의 공격을 알아낼 수 있는 여지가 그만큼 커진다. 이 내용에 대해 강신규 교수는 시각이 약간 다른 논평을 한다.

"양을 주로 많이 방목하는 곳에서는 위에 언급한 초지 훼손 내용이 타당해 보입니다. 하지만 양보다는 염소가 식물뿌리 훼손에 더 치명적인 것으로 알려져 있습니다. 양은 주로 지상부만 뜯어 먹는 데 반해 염소는 풀을 파헤쳐가며 먹고, 떨기나무 줄기에 다리를 얹고 연한 잎을 먹어 치워 성장에 미치는 영향도 크다고 합니다. 몽골의 가축 수 통계자료를 보면 주로 울란바토르에서 멀리 떨어진 초지와 사막초지에서 염소의 수가 많이 늘어났습니다. 가뜩이나 풀도 많이 없는 곳에서 염소가 늘어났으니 걱정이지요."

돌아가는 길이 아쉬워 몇 번씩 찍었던 오보에 다시 집착한다. 오보와 서낭당 돌무더기의 연결고리에 가진 궁금증 때문이다. 우리의 가파른 지형과 비교하면 내가 만난 대부분의 몽골 고개는 고개라고 하기에 너무 낮지만 넓은 이 땅에서는 그런 정도의 높이로도 삶이 영향을 받는 듯하다. 고개는 유역을 가르는 분수계의 낮은 부분이다. 그렇다면 삶은 어쩔 수 없이 유역이라는 지형을 무의식적으로라도 인식할 수밖에 없었을 것이다. 산악지대에서 삶을 꾸린 우리 조상들은 일찍부터 유역을 쉽게 인식했고, 야트막한 언덕에 기대어 사는 몽골 사람들은 오보를 통해 은연중에 비슷한 인식을 한 것이 아닐까?

이번 여행에서 세번째 타이어 펑크가 났건만 기사는 역시 동요하는 기색이 없다. 길가에 차를 세워놓고 우리가 물끄러미 바라보고 있는 동안 혼자서 교체작업을 유연하게 해치운다. 덕분에 나는 풍경을 살필 마지막 기회도 얻었다.

여행길이면 늘 관심을 가지고 보는 도로변은 우리나라 대부분의 공사방식과 달리 도로보다 낮다. 덕분에 상대적으로 오래 유지되는 넉넉한 토양 수분으로 기운을 차린 풀들이 싱싱하다. 낮은 수로는 또한 동물들이 쏟아내는 분뇨와 자동차가 내뿜는 매연을 쉽게 받아 식물을 더욱 살찌게 하리라. 사진 속에 길을 건너는 소와 자동차를 포함시킨 까닭은 그러한 생태적 과정에 대한 고려 때문이다. 풀이 가축의 먹이가 되면 오염물질이 자원으로 전환되는 것이다. 이 내용은 코카서스 답사기에서 충분히 소개했고, 여기서는 길에 쌓인 가축의 똥과 자동차 매연이 식물의 흡수를 거쳐 가축의 먹이가 될 가능성을 보여줄 의도로 사진을 싣는다.

간밤에 묵었던 숙소에서 점심식사를 하고 3시에 출발했다. 기사가 포장길을 열심히 달린 덕분에 예상보다 한두 시간을 단축하여 7시가 되기 전에 울란바토르에 도착했다. 마침 퇴근길이라 무질서가 곁들여진 러시아워 풍경 안에서 우리는 식당으로 이동했다. 차를 마치 말처럼 몬다는 거친 느낌을 주는 몽골의 교통문화도 언젠가 달라지는 날이 오겠지. 이렇게 문명의 땅에 당도한 내 머리에는 벌써부터 사람의 문제가 자리를 잡는다. 만나는 광경이 내 마음에 그리는 그림이다. 가보기에는 먼 땅이 아니라 바로

하르호린에서 울란바토르로 이동하는 길에 만난 오보 하나

하르호린에서 울란바토르로 이동하는 길,
타이어를 교체하는 모습

오후 하르호린에서 울란바토르로 이동하는 길가의
임시 수로와 자동차, 길을 가로 건너는 소 떼

일상의 공간(예를 들면 야산)에 아름다운 풍경을 가꾸자고 주장하는 까닭이기도 하다.


## 커져가는 도시와 빛바랜 시골 풍광
－울란바토르에 몰리는 인구 이동 현상

**2010년 8월 15일 일요일**

오전은 울란바토르에서 보냈다. 울란바토르 도시 확장은 인구 이동 현상을 여실히 보여준다. 전쟁기념관에서 보는 도시는 2004년 마지막으로 왔을 때에 비해 여러 배 확장되었다. 한국의 1960년대와 1970년대처럼 시골 사람들이 가난을 털어낼 꿈을 안고 수도로 몰려들고 있는 것이다. 톨강으로부터 멀어져 갈수록 건물의 크기와 색은 초라하다. 우리네 달동네마냥 저 멀리 산기슭을 타고 오르는 가난한 손길도 보인다. 그 가난한 손길은 대체로 작고 우중충한 색들의 무질서한 공간을 만든다. 저 풍경 안에 깃든 애환의 명세를 읽을 수는 없어도 대략 짐작은 할 수 있다.

일정을 모두 마치고 15일 오후 공항으로 가는 차 속에서 울란바토르 남쪽으로 흐르는 톨강을 찍었다. 아직은 강변 완충대가 넉넉한데 1990년대 처음 왔을 때와 비교해 보면 그쪽으로 조금씩 다가서고 있는 토건세력의 위세가 엿보였다. 이곳은 인간의 손길이 짓눌러버린 우리의 강을 닮을지도 모른다. 강 너머로 멀리 화력발전소가 보인다. 지금은 사람의 동네를 조금 피한 듯 도시의 외곽에 자리를 잡고 있다. 그러나 언젠가 선택의 여지가 적은 가난한 삶은 그 굴뚝이 뿜어내는 매연에 내맡겨진 공간으로 들어설 것이다.

여기까지 몽골 울란바토르 풍경과 그곳을 벗어나며 처음 만난 오보의 생태적 의미를 더듬어보는 시간을 시작으로 몇 가지 생각을 정리했다. 암각화를 보며 유목민과 기후, 동물의 뗄 수 없는 관계를 보았고, 기후 특성과 관련이 있을 것으로 짐작되는 지형과 초원에 그어지는 차도의 특성과 공룡화석 발굴 지역인 작나무숲의 처지와 미세지

전쟁기념관에서 바라본 울란바토르 전경

오후 공항 가는 길에 찍은 톨강 풍경

몽골의 염소 떼

형이 만들어지는 자연의 과정을 살펴봤다. 말라버린 물길과 호수, 결과적으로 누적되는 소금기가 불러오는 염생식물을 몽골 땅에 드리우는 어두운 그림자의 징후로 읽었고, 마지막으로 오랫동안 내 마음을 차지하고 있는 초원의 먹이사슬에 대한 내용을 간략히 소개했다.

몽골의 체제 변화와 인구 이동, 토지 이용 변화, 그 경관 안에서 새롭게 일어나는 생태적 기능(주로 생지화학적 과정과 생물 이동으로 인간의 행동도 포함)의 관계는 상대적으로 단순한 만큼 상대적으로 쉽게 확인할 수 있을 듯하다. 무릇 이론은 단순한 데서 접근하기 쉬운 법이다. 그렇다면 몽골 풍경에서 새로운 생태이론을 끌어내기 쉬운 희망이 있는 것이 아닐까?

# 말 달리던 광야

만주 남부

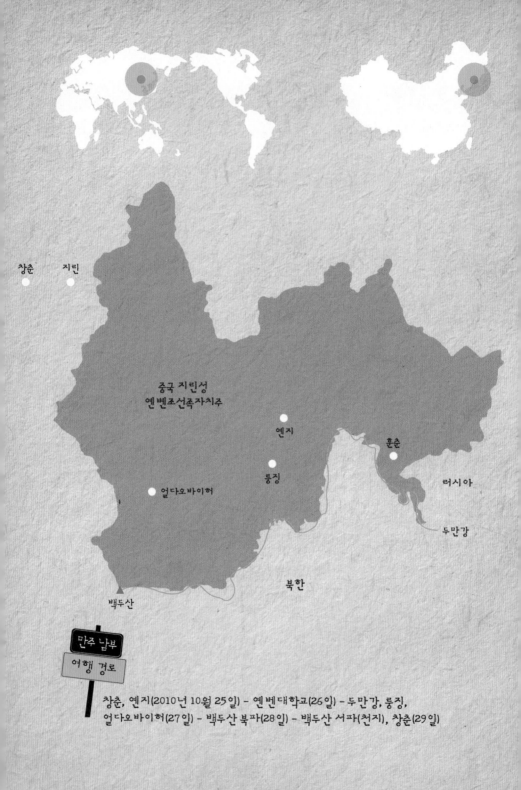

창춘      지린

중국 지린성
옌벤조선족자치주

옌지

훈춘

얼다오바이허      룽징

러시아

두만강

북한

백두산

만주 남부
여행 경로

창춘, 옌지(2010년 10월 25일) - 옌벤대학교(26일) - 두만강, 룽징,
얼다오바이허(27일) - 백두산 북파(28일) - 백두산 서파(천지), 창춘(29일)

연구년으로 2010년 가을에는 시간 여유가 있었다. 덕분에 백두산에 들리는 강원대 강신규 교수의 답사 일정을 함께하는 데 무리가 없었다. 그는 인공위성 영상으로 동북아시아 지역을 분석하고 현장을 확인하는 작업이 필요했다. 다행히 내게는 그 지역을 알차게 답사하도록 도움을 줄 만한 중국 지기들이 몇 명 있어 동행하는 마음이 더욱 편했다.

10월 25일 창춘공항을 거쳐 버스로 옌지(延吉)까지 이동하고, 26일 옌볜대학교 지리학과에서 공동세미나를 했다. 이 세미나는 두만강과 압록강 유역에 걸쳐 있는 우리의 인연을 어느 정도 이해하는 서막이 되었다. 27일 잠시 옌지 조선족의 자취를 훑어보고, 두만강 하구와 룽징(龍井)을 거쳐 얼다오바이허(二道白河)에 이르렀다. 그후 이틀 동안 백두산 북파와 서파에서 천지를 본 다음 창춘(長春)으로 돌아오는 노정으로 답사는 이어졌다.

## 늦가을 광활한 만주벌판을 내달리며
### ─옥수수 대는 태우지 말고 겨울 논은 물을 담아야

**2010년 10월 25일 월요일 화창한 날씨**

인천을 떠난 비행기는 황해와 발해만 상공을 거쳐 만주의 평야지대로 접어들었다. 늘 그렇듯이 해외 나들이가 안겨주는 바깥 구경은 비행기 안에서 시작한다. 창공을 나는 낮 시간은 스쳐가는 경관을 멀리서 내려다보며 그 안에 담긴 사연을 마음으로 읽어보

하늘에서 내려다본 만추의 만주 땅 (25일 11:25)

는 기회가 된다. 그 기회를 나는 관경(觀景)의 시간이라 부른다. 관경은 관상에 비유하여 만든 말인데 뒤늦게 중국어를 배우며 이미 있는 단어라는 사실을 알게 되었다.

황해를 벗어난 비행기는 잠시 구릉 지역인가 싶더니 곧바로 넓은 벌판 위를 난다. 인천공항을 떠난 지 한 시간 남짓 되었을까? 노랫말로만 들었던 광활한 만주 벌판이 벌써 내 감성을 건드린다. 이미 가을로 깊이 들어선 북방의 벌판에서는 옅은 황갈색이 여름 햇살 아래 전성기를 구가했던 녹색을 밀어내었다. 마을은 넓은 벌판 한가운데 듬성듬성 놓여 곧 다가올 차가운 삭풍에 마냥 방치될 처지를 드러내고 있다. 농사짓기에는 한없이 넓은 땅이지만 기댈 만한 언덕이 마땅치 않은 어려움도 엿보인다. '그런 상황인데도 중국 곳곳에서 만날 수 있는 방풍림이 여긴 왜 보이지 않는 것일까?' 나는 잠시 의문을 가져보지만 스스로 답을 얻지 못한다.

황갈색 대지 사이로 꾸불꾸불 흐르는 검은 물길은 이제 우리 땅에서는 보기 어려운 진귀한 풍경이다. 아직은 강줄기를 똑바로 펴거나 다스릴 여력이 없어 그냥 내버려둔 걸까? 한 치의 땅도 놀릴 수 없다는 강력한 의지가 작용하지 않은 덕분에 지금은 강물이 저렇게 자유스러울 수 있을 터이다. 덕분에 보는 눈이 편안하다. 지금은 '콘크리트에 갇힌 우리네 강들도 원래는 그랬었지!'

내려다보이는 저 풍경 안에 가난의 배경이 어떻게 깔려 있을지 하늘을 나는 나그네는 알 수 없다. 그저 넉넉한 풍경이 부러울 뿐이다. '우리의 조급성은 반만년 역사의 부침 속에서 좁은 땅으로 내몰린 삶 때문만은 아닐 터인데……' 역사를 되돌아보면 중국은 점점 커지고 고구려의 위용 이후 우리네 땅은 자꾸만 작아졌다. 나는 그 시발이 어느 시절의 작은 마음에서 비롯되었을 것으로 짐작한다. '작은 마음은 작은 행동을 낳고, 작은 행동에는 그에 걸맞는 작은 땅이 뒤따르고, 작은 땅에선 큰 마음을 키우기 어렵고, 다시 작은 생각으로, 작은 행동으로 이어진다.' 나중에 다산 선생이 21세에 지은 글 하나를 발견하게 되는데 내용이 어떤 면에서 내 생각과 닮았다. 「술지(述志)」, 곧 '내 뜻을 밝히다'라는 제목의 시에서 다산은 무려 200년 전부터 좁은 주머니에 갇힌 우리 형세를 슬퍼하고 있었다(박석무 선생의 이메일 글 인용).


슬프다 우리나라 사람들 　　　　嗟哉我邦人

주머니 속에 갇혀 사는 듯 　　　　辟如處囊中

삼면은 바다로 에워싸였고 　　　　三方繞圓海

북방은 높고 큰 산이 굽이쳐 있네 　北方緣高崧


'국토의 크기는 그 국민의 마음 크기에 비례한다.'로 축약되는 내 가정의 굴레를 벗어날 반등의 기회를 우리는 언제쯤 잡을 수 있을까?

이제 목적지 창춘이 지척이다. 멀리 농경지 사이에 자리를 잡은 화력발전소가 보인다. 착륙 예정시간으로 얼추 짐작해보니 발전소의 위치는 전기 수혜자 인간이 몰려 사는 공간과 멀지 않겠다. 전력이 아주 먼 거리를 이동해야만 하는 조건을 가진 원자력발전소처럼 공급지와 수요지 사이의 거리가 멀어지면 그만큼 낭비는 늘어난다. 사고와 오염을 피할 수 있다면 전력은 소비지와 가까운 곳에서 생산되어야 수송 부분의 낭비를 줄일 수 있다.

1분도 채 지나지 않아 하얀 연기가 여기저기 피어나는 광경이 눈에 띈다. 추수가 끝난 밭에서 농부들이 남은 농작물 줄기를 태우고 있나 보다. 나는 마음으로 중얼거린다. '굳이 산불 조심이 아니라 하더라도 짚을 태우는 일은 득보다 실이 크다는 판정이 난 것으로 아는데…….'

미국 캘리포니아주에서 벼농사를 시작했던 초기에 볏짚을 태웠다가 공기가 오염되는 문제에 봉착했다. 매캐한 연기를 맡은 선민들의 탄원을 달래자면 대안을 찾아야 했다. 그리하여 볏짚을 태우는 대신 빨리 썩히기 위해 가을걷이가 끝난 논에 물을 대었다. 볏짚을 촉촉이 적셔 분해자인 미생물과 소비자인 동물들의 활동을 돕기 위해서이다. 덕분에 새들이 많이 찾아와 볼거리도 생겼다. 일본 도요오카(豊岡)에서는 황새복원 프로젝트의 하나로 겨울철 황새의 먹이 활동을 위해 논에 물을 담아둔다. 그 이치도 검토를 해야겠지만 그렇게 찾아오는 철새를 관광 상품으로 발전시키기도 한다니 배워야 할 본보기다.

물을 댄 겨울 논에서 젖은 짚은 물벌레나 지렁이, 거미, 곤충을 포함하는 다양한 무척추동물이나 미꾸라지나 개구리 등의 소형 척추동물들이 겨울을 나는 데 도움이 된다. 작은 생물은 철새들에게는 먹잇감이 되고, 그 철새들의 배설물은 농경지의 영양소 공급원이 될 터이다. 생물다양성과 관련된 일을 하는 기관이나 사람은 물을 댄 논의 환경 증진 효과를 한번 검토해보면 좋겠다. 겨울 내내 마른 논과 물이 고인 논의 생물 서

연기가 피어오르는 창춘 부근 농경지. 연기가 나는 곳은 밭이고 위 사진의 둑이 직선인 아래 부분은 논이다. (25일 11:38, 41)

식 여건은 다를 것이 분명하다.

그러나 옥수수 줄기가 쌓인 만주의 경사지 밭은 논과 사정이 다르다. 더구나 썩어서 자연으로 재빨리 돌아가야 할 옥수수 줄기와 그루터기는 볏짚보다 억센 기질로, 분해에 대한 저항이 높을 가능성이 크다. 흔히 질소 함유량이 적고 리그닌 함유량이 높은 물질은 동물과 미생물이 좋아하지 않아 분해가 느리다. 옥수수는 건조한 기후에서 진화한 식물이다. 기공을 닫음으로써 자기 호흡으로 발생하는 이산화탄소를 가두어 광합성에 다시 쓰는 방식은 옥수수가 진화 과정에 얻은 생리적 적응의 결과다. 필요한 질소는 생체 안에서 재순환하여 이용효율을 높이는 특성을 갖추었다. 결과적으로 옥수수는 벼에 비해 적은 질소로 많은 양의 광합성을 할 수 있고, 따라서 생체의 탄소/질소 함량비(탄질비)가 높다. 이렇게 되면 초식동물들에겐 먹을 맛이 떨어진다. 미생물도 쉽게 달려들지 않는다. 그러니 쉽사리 썩을 까닭이 없다.

제법 큰 물길이 보이고, 이제 볏단을 쌓아놓은 곳들도 나타난다. 저 멀리 비스듬히 흘러내리는 순한 경사지에서 연기가 피어오르는 것으로 봐서 그 소재는 볏짚이 아닌 듯하다. 경사지에서는 물을 골고루 담아두기가 쉽지 않은 법이다. 물이 부족하면 역시 동물도 미생물도 활동하기 어렵다. 결과적으로 비탈의 밭에서는 그곳에 자라는 옥수수라는 재질도 그것이 놓인 땅도 썩기 좋은 여건과는 거리가 멀다는 뜻이다.

다음 날 세미나 시간에 우리는 옌벤대학교 조선족 오명근 교수의 발표에서 난분해성 옥수수 줄기를 태워야 하는 농부들의 고충을 듣게 된다. 이 문제를 어떻게 해야 풀수 있을까? 옥수수 줄기에는 셀룰로오스 성분이 많이 포함되어 있고, 이 물질은 곡류나 콩에 비해 생산효율이 떨어지긴 하지만 적절한 공정을 거치면 생물연료(biofuel)를 생산하는 데 이용할 수 있는 원료가 된다. 따라서 옥수수 줄기는 태워서 대기를 오염시키며 폐기할 물질이 아니라 에너지 자원으로 전환될 잠재력이 있는 식물이다. 이 특성을 고려하여 쓸모를 찾아볼 만도 한데 아직은 그럴 여력이 없는 모양이다.

# 삭풍은 나무 끝에 불고 명월은 차다
## - 겨울나무들이 마른 잎을 달고 있는 까닭은?

창춘공항 건물 밖으로 나서니 차가운 공기가 남녘 손님을 맞는다. 몸과 마음이 벌써 움츠러든다. 오래 기다리지 않아 안내자 이미옥 씨가 도착해 아침부터 옌지에서 버스로 5시간을 달려오는 길에 만난 눈 소식을 전한다. 한국에서 기온 급강하 일기예보를 들으며 출발 전부터 닥쳐올 추위에 잔뜩 긴장했는데 이 북방의 땅에 겨울은 역시 훨씬 빨리 왔다. 그래서 일찍이 김종서가 ”삭풍은 나무 끝에 불고 명월은 눈 속에 찬데.“ 하고 읊었던가 보다.

다행히 만주의 시골 풍경은 금방 친숙하게 다가온다. 뒷산과 비탈 밭, 마을, 논이 차례로 높은 곳에서 낮은 곳으로 이어지는 경관은 우리의 시골을 꽤 닮았다. 사람이 서로 섞이는 과정에서 삶의 방식을 나눌 기회가 자연스럽게 있었을 것이다. 그래서 땅을 이용하는 방식이 서로 닮지 않았겠는가? 그러나 공간의 크기는 다르다. 좁은 땅에 뿌리를 내리며 살아온 나그네의 마음은 광활한 평야가 부럽다.

옌지로 가는 길, 황니허(黃泥河) 휴게소 안내판이 보이는 부근에서 갑자기 일정한 연령대의 하얀 자작나무숲이 나타난다. 아무래도 사람이 나무를 심어 만든 숲이겠다. 다시 긴 길을 달려 문득 만난 숲은 추위를 견디지 못하고 말라버린 잎을 여전히 달고 있다. 북방의 날씨에 지금쯤 갈잎나무들은 앙상하리라는 내 짐작이 무너졌다. 늦은 가을부터 봄까지 갈색 나뭇잎이 온통 산을 덮고 있는 우리 숲도 꽤 오랫동안 내 관심 안에 들어와 있던 현상이다. 멀리 참나무류로 보이는 나무들이 풍경을 이루고 있다. 우리나라에서 봄이 될 때까지 마른 잎을 달고 있는 나무는 참나무류와 단풍나무, 복자기나무 정도라는 사실로 미루어 짐작해 본다. 그러나 아직 확신하기에는 이르다. 멀리서 보고 한국에서의 경험에 바탕을 둔 것이라 틀릴 수도 있다.

이 현상에 대한 내 관심이 지난 몇 년 동안 마음에서 벗어났나 했는데 만주에서 조

만주의 시골 풍경

금은 새로운 모습으로 다가온다. 겨울바람이 세차고 척박한 땅에서 광합성을 멈추고 엽록소를 잃은 잎이 봄까지 나뭇가지에 붙어 얻을 수 있는 이득은 뭘까? 옛 생각을 잠시 더듬어 본다. 겨울 낙엽은 바람에 날려 어미나무 곁에 머물지 못하고 먼 곳으로 날리거나 빗물에 쓸려갈 가능성이 크다. 겨울 내내 달려 있다가 미생물이 활동하는 봄이 오기 직전에 떨어진 잎은 봄기운에 썩으면서 어미나무가 재활용할 가능성이 높다. 그렇다면 어려운 상황에서 재산을 간직하려는 심리를 가진 사람들처럼 척박한 땅의 나무들도 봄까지 영양소가 함유된 잎을 달고 있는 녀석들이 유리하지 않을까? 내가 한때 세운 답으로 일종의 가설이다.

이 현상은 강신규 교수와 학생들이 여행의 마지막 날 밤새워 나눈 화제에 포함되었다. 같은 수종의 큰 나무와는 달리 주로 작은 나무에 나타나는 유난스런 현상을 인상 깊게 보았던 모양이다. 한 학생은 큰 나무보다 어린 나무가 토양에서 영양소를 취하기 어렵고, 어린 나무들은 엽록소를 잃고 색이 바뀐 잎을 봄까지 유지했다가 영양소가 목질부로 흡수된 다음 떨어질 가능성이 높다고 짐작했다. 가설을 끌어내는 생각의 힘을 키우는 것이 공부라는 점에서 젊은 추론은 고무적이다.

그러나 나는 그 가설에 동의하지 못한다. 사실은 가을에 낙엽이 지기 전에 잎에 포함되어 있던 영양소 일부(토양과 기후, 식물종에 따라 다르지만 대체로 질소, 인산, 칼리가 각각 평균 약 62%, 65%, 70% 넘는 양)는 목질부로 옮겨진다. 그 과정을 전문용어로 재흡수(resorption) 또는 재전이(retranslocation)라 한다. 이것은 나무가 낙엽과 함께 생길 손실을 최대한 줄이는 방법이다. 원래 흙에서 흡수되어 줄기를 거쳐 잎으로 전달되었던 영양소가, 엽록소를 잃은 잎이 낙엽으로 떨어지기 전에 가지와 줄기로 다시 흡수되어 되돌아가는 현상이다. 그렇다면 나뭇가지에 달려 있더라도 색이 바뀐 잎에서 봄에 가지로 흡수될 영양소는 매우 적거나 아예 없을 듯하다. 이미 엽록소를 잃고 색이 바뀌었다면 잎과 목질부를 잇는 부름켜는 기능을 상실했을 가능성도 있다. 따라서 봄에 마른 잎에서 영양소가 줄기로 이동하긴 쉽지 않을 터이다. 이 사안에 대해 박찬열 박사는 또

황니허 휴게소 부근에서 만난 자작나무숲 (25일 14:29)

다른 견해를 보태주었다. 그는 새박사답게 새와 관련된 사유를 하는 태도를 지녔다. 흥미로운 추론이다.

이러한 식물의 이층(absciss layer)은 가을철에 잎자루와 가지 사이에 형성되어 잎이 쉽게 떨어지도록 하지만, 이층이 형성되지 않고 계속 잡아두고 있다. 광릉에서 관찰한 바에 의하면 서어나무와 같은 속인 까치박달만이 나뭇잎을 봄철까지 달고 있었다. 초봄에 새들에게 먹이가 부족할 때, 이 나뭇잎에서 월동한 곤충류는 새들의 중요한 먹이가 된다. 까치박달 나뭇잎에서는 서어나무 잎에 비하여 새들이 먹이를 찾기가 수월

264

하지 않다. 이런 잎은 방어물질을 만들어서 방어하기 때문에 가을철에 다른 양분들을 회수한다고 하지만, 어떤 기작에 의해서 잎을 매달아 두게 하는 것은 아닐까?

아마도, 어린 나무의 잎은 큰 나뭇잎보다 부드러워 상대적으로 먹히기 쉽고, 이를 보완하기 위해 방어물질을 더 많이 생성할 가능성이 있다. 타닌과 같은 페놀 성분이 많은 방어물질 일부가 줄기로 회수되지 않고 녹색이 사라진 잎에 남는 것이 아닐까?

현상1: 초봄까지 잎을 달고 있는 굴참나무와 까치박달나무가 있다.

추론1: 가능한 자신과 가까운 바닥에 낙엽을 떨어뜨려 자원 회수율을 높인다.

현상2: 박새류는 초봄까지 남은 나뭇잎에서 월동하는 곤충류를 포식한다.

추론2: 초봄에 가지에 매달린 낙엽은 텃새인 박새류의 중요한 먹이자원이다.

현상3: 땅에 떨어진 낙엽은 주로 우세종인 박새가 이용하지만, 매달린 낙엽은 열세종인 쇠박새와 진박새가 이용한다.

추론3: 초봄에 가지에 마른 잎을 매달고 있는 나무와 떨어뜨린 나무가 함께 섞여 있으면 다양한 새들에게 이롭다.


또 다른 생각은 마른 잎을 달고 있는 나무들이 모두 어린 나무 수준을 벗어난 지 얼마 되지 않은, 같은 수령이라는 사실에서 비롯되었다. 이것은 이전에 이곳 산이 온통 헐벗었을 가능성을 뜻한다. 숲이 특별한 사정으로 한꺼번에 새로운 모습으로 탈바꿈한 것이다. 사연은 두 가지로 유추해볼 수 있다. 어떤 시기에 이전과 달리 대체연료 공급이 가능하여 더 이상 사람들이 산에서 땔감을 구하지 않아도 되었거나 강력한 정부의 녹화 의지가 발동한 변화일 것이다. 낮은 곳에 줄지어 서 있는 황니허 부근의 자작나무숲에는 후자가 작용했을 듯하고, 어린 나무들이 불규칙하게 온통 산을 덮은 풍경은 아마도 전자와 더 깊은 관련이 있는 게 아닐까.

간단한 짐작의 진위는 검증과정을 거친 다음에야 결론을 내릴 수 있겠으나 나는

다른 갈잎나무들은 잎을 몽땅 떨어뜨렸는데 여전히 마른 잎을 달고 있는 숲 (25일 14:11, 15:55)

거의 틀림이 없을 것으로 믿는다. 그러면 대부분 3m 이하의 키로 빽빽하게 숲을 이룬 저 나무들의 나이는 어느 정도일까? 그것은 이 땅의 변화를 읽어내는 중요한 단초가 된다. 숲에 대한 사람들의 태도가 바뀐 때와 관계가 있기 때문이다. 나는 이 의문을 현장에서 해결해야겠다는 다짐을 한다.

이 갈색의 풍경은 내게 또 다른 의문과 암시를 던지고 있다. 사람들이 땔감을 구하던 숲을 내버려두면 진행되는 이차천이에서 참나무속 식물이 왕성하게 점령해가는 까닭은 무엇일까? 대부분 나무들이 스스로 그루터기의 맹아갱신으로 세대를 이어가는 능력을 가졌을 뿐더러 다람쥐나 청설모가 도토리 열매를 옮겨 세력 확장에 협조하도록 꼬드기는 수단을 갖춘 덕분일 것이다. 그럼에도 불구하고 다른 나무들의 접근을 강력하게 저지하며 온 산을 저들끼리 점령하는 저 나무의 탁월한 자질은 무엇일까? 더 나아가 이 단색의 풍경이 낳은 산물은 무엇이며, 그 산물을 자원으로 삼아 유리한 입지를 갖출 동물은 어떤 것들이 있을까? 앞으로 토양은 어떻게 바뀔 것이며 비와 눈에 대한 숲의 반응으로 인가와 농경지의 수자원 이용은 어떤 변화를 겪을까?

오후 4시 20분 버스는 연길서(延吉西)라는 표시판이 있는 나들목을 들어선다. 옌지의 서쪽이라는 뜻이다. 곧 멀리 고층 건물들이 보인다. 추수 끝난 논에 몇 마리 소들이 한가로이 풀을 뜯고, 그 뒤에 배경이 되는 산도 온통 갈색이다. 이렇게 되면 거의 200km 가까운 또는 그 이상의 도로 양쪽 비탈에 비슷한 시기에 비슷한 변화가 있었을 것이다. 어떤 계기가 그런 변화의 바람을 일으켰고, 시작된 시기는 언제일까? 자작나무의 키는 어림짐작으로 5~7m가량 되고, 참나무류의 키는 대부분 2m 이하로 곳에 따라 어느 정도 차이는 있다. 또한 숲에 일어난 변화 시기가 지역에 따라 조금은 달랐다는 뜻이기도 하다.

버스는 길 양쪽으로 길게 뻗은 숲띠를 가로질러 달린다. 농경지 사이로 흐르는 수로를 따라 서 있는 나무들이 어우러져 만든 숲띠다. 사람들의 손길이 미치지 않은 곳이라면 으레 나타나는 물길 주변의 숲띠가 이렇게 남아 있는 것이리라. 그러나 우리의 남

엔지 교외 농촌에서 찍은 10년 미만 수령의 참나무속으로 추측되는 갈색 숲 (26일 09:48)

물길을 따라 서 있는 숲띠 (25일 16:25)

추수 끝난 논 뒤에 있는 숲띠 (26일 09:48)

한 땅에서는 이제 거의 사라진 진풍경이다. 식생완충대의 일종인 저 숲띠는 우리의 옛 숲띠와 어떤 친연성을 가지고 있을까? 내가 관심을 가지고 살펴보고 싶은 대상이다.

버스 밖으로 양옥 모양의 집 사이에 끼어 있는 몇 채의 초라한 초가들이 언뜻 스친다. 나무판자를 이어 만든 바자울 안에 채마밭이 있어 어쩐지 새마을운동 이전에 내가 살던 시골 풍경과 닮은 데가 있다. 반갑기도 하고 가난의 징후로 읽혀져 마음이 착잡하기도 하다. 이미 어둠은 내 시야에서 조금씩 풍경을 가리고 차는 빠르게 이동하니 아쉽게도 사진에 담을 수는 없다. 내일을 기다려야겠다.


# 추수가 끝난 논에 볏가리만 덩그러니
– 도시로 떠나는 사람들, 귀농을 장려하는 중국 정부

### 2010년 10월 26일 화요일 겨울 추위

아침 기온이 뚝 떨어졌다. 준비해온 옷을 단단히 챙겨 입고 옌지 주변 지역의 안내를 맡은 옌볜대학교 주위홍 교수를 따라 가까운 농경지로 갔다. 농경지 관리 현황은 일행인 고종한 교수가 관심을 가지고 연구를 하는 분야이고, 나와 강신규 교수도 주변 풍경이 궁금하여 미리 부탁했던 답사 대상이다. 다행스럽게도 우리가 인도된 그곳은 어제 시내로 진입하던 길에 스쳤던 교외 지역이다. 옌지의 서쪽 변두리인 셈이다.

만주의 벼농사에 대해서는 선양응용생태연구소에 있는 김영환 박사에게 대략 들었던 적이 있다. 옌지 출신인 그는 만주 지역에서 조선족과 한족의 논은 한눈에 구별된다고 했다. 벼농사 경험이 몸에 밴 조선족이 이주하여 짓는 논은 겉으로 봐도 넉넉하고, 실제로 수확량도 훨씬 많다는 내용이었다. 조선족 이주는 중국에 긍정적인 작용을 하면서 만주 땅에 새로운 경관을 그려 넣은 경우다. 그러한 만주 땅의 경관 변화는 꽤 오래된 일이고, 이제 지난 경관 위에 후손의 이농 현상으로 또 다른 그림이 그려지고 있다. 인구 이동이 야기한 경관 역사와 함께 앞으로 일어날 미래의 생태적 변화도 흥미

로운 연구 주제가 되겠다.[1]

논둑과 바닥에는 탈곡하지 않은 볏단들이 쌓여 있다. 아직은 기계농이 흔하지 않은 여건에서 농한기의 일로 남겨놓은 것이려니 짐작한다. 1960년대 우리의 농촌 풍경도 그런 점에서 비슷했지만 조금 다른 부분도 있다. 우리 농가에서는 곳에 따라 조금씩 다른 형식으로 꽤 공들여 볏가리를 쌓았으나 이곳에서는 대략 모아놓은 수준이다. 어쩌면 조금 무성의해 보이는 방식은 늦은 가을 이후 비가 올 염려가 거의 없고, 오래 묵힐 까닭 없이 곧 탈곡을 하는 일정 때문에 나타나는 현상일지도 모른다.

농가에는 잘라온 나무를 얼기설기 엮어서 노천 창고를 만들고 옥수수를 잔뜩 쌓아놓은 곳도 있다. 나는 쥐가 없는지 물어보았다. 쥐 피해가 만만치 않다는 대답을 듣는다. 그런데도 옥수수를 저렇게 쌓아놓는 사연은 뭘까? 쥐의 접근을 막을 단단한 콘크리트나 함석 창고를 만들 수 없을 정도로 농민들의 형편이 어렵단 말인가? 생각하기에 따라서는 밝히고 싶지 않은 부분일 터라 굳이 사연을 묻지 않았다.

마을의 초가에는 인적이 끊겼다. 추운 날씨에 더욱 을씨년스럽다. 산이 있는 쪽으로 밝은 색의 양옥 또는 중국식 건물들이 보인다. 떠난 사람들의 귀농을 적극적으로 유도하기 위해 중국 정부에서 지은 새마을이란다. 이제 가난한 시골 사람들이 기회의 땅 도시로 떠나는 이농현상은 거의 세계적인 추세가 되었다. 우리는 이미 1960년대부터 충분히 겪었고, 중국은 후발주자일 뿐이다. 이런 변화가 도시문제를 촉발하고 또 늘어난 기계농업에 의해 중국을 더 많은 화석연료 소비국가로 이끄는 한 가지 동인이 될지는 두고 볼 일이다. 지금은 제도적으로 외지인이 북경 시민이 될 수 있는 길을 강력하게 통제한다지만 거대한 인구 이동의 소용돌이를 언제까지 강압적으로 막을 수 있겠는가? 도농 격차가 벌어지는 이상 사람들은 끊임없이 도시로 밀려올 것이다. 그렇다면 차단의 벽도 필경 견디기 어렵지 않을까? 앞으로 인구 이동의 힘은 중국 체제 유지에 어느 정도

---

1 이런 생각을 품은 지 3년 반 세월이 흐른 다음 젊은 동포들이 희망을 찾아 도시로 떠나면서 조선족 마을이 피폐해진다는 연구를 교토대학교에서 보게 된다.

추수 끝난 논. 멀리 개량 주택들이 있다.

쓸쓸한 농가 풍경

의 심각한 과제로 등장하게 될까?

# 길 따라 숲에서 또 다른 숲으로
– 인간의 손을 거쳐 변화하는 숲

## 2010년 10월 27일 수요일

옌지를 떠나 두만강과 백두산으로 가는 일정이다. 인공위성 사진 분석결과를 확인하는 작업이 이번 여행 본래의 목적이었으니 핵심 과업이 남은 것이다. 옌볜대학교와 세미나를 통해 현지인의 도움을 받게 된 우리는 이제 마음이 든든하다. 조선족 대학원생 박동범과 이영이 우리의 두만강 일정을 안내하기로 했다. 박동범은 우리말을 꽤 잘 한다. 이영은 그렇지 못하지만 세미나를 준비하는 과정부터 이메일을 이용하여 우리와 영어로 연락했던 학생이다.[2]

옌지시를 떠나 고개를 넘어서니 몇 채의 집들이 보였다. 이미옥 씨는 비교적 새로 생긴 집들이라며 이곳 중국인의 난방에 대해 잠시 소개했다. 침대생활을 하는 중국인들이 사는 집의 난방장치는 조선족의 구들보다 높은 편이고, 중앙난방으로 바닥은 찬 편이다. 간혹 한 집에 굴뚝이 두 개씩 있는 집이 있는데 그것은 두 가족이 하나의 집을 나누어 생활하기 때문이란다. 우리와 비교될 만한 가족 구성의 특성이 풍경 안에 포함되어 있다는 말이다.

버스는 'G12 장훈고속도로'라는 간판이 보이는 길로 들어섰다. 스쳐가는 풍경에는 이깔나무와 소나무, 참나무류 나무들이 보인다. 추수가 끝난 옥수수밭에 소를 방목하여 여름 햇빛이 가꾼 광합성 산물을 최대한 이용하는 목축의 노력도 엿보인다. 수입 사

---

2  이 만남으로 영어는 잘 하지만 한국어를 아예 하지 않는 조선족 젊은이들이 있다는 사실을 알았다. 나는 호랑이를 연구한 그녀를 나중에 서울대학교 수의대가 주최한 심포지엄에서 발표자로 소개했다. 그리고 해가 지나 어느 날 그녀는 내 눈 앞에 갑자기 나타나 한국말로 인사를 했다. 내 소개를 인연으로 그녀는 서울대학교의 유학생이 된 것이다.

장훈고속도로 뒤편으로 보이는 갈색의 산기슭과 시골 마을 (27일 08:15)

료에 의지하는 우리의 목축과는 다른 알뜰모드라고 할까? 우리의 농촌도 1960년대에
는 그랬건만 이제는 버린 삶의 방식이다. 산기슭에 기댄 집들로 이루어진 농촌은 우리
의 시골 풍경과 많이 닮았다.

　　버스는 한동안 갈색의 풍경이 온 산을 뒤덮은 지역을 스쳐간다. 뒷산을 온통 덮은
갈색은 이미 창춘에서 옌지를 거쳐 여기까지 오는 과정에 익숙해진 모습이다. 전날 짐
작했던 것보다 훨씬 방대한 지역의 사회적 변화가 이곳에 있었다는 뜻이다. 주위홍 교
수는 인가에서 땔감을 구하던 삶이 연료혁명을 맞은 것은 1980년대라고 했다. 그런데
이 글을 다듬던 2014년 5월 나는 교토대학교에 있었고, 거기서 두만강 하류 지역의 조

선족 마을 징신(敬信)의 경관 변화를 연구하는 옌지 출신의 한 한족 학생을 만났다. 나를 초청한 일본인 교수는 내가 한국인이라는 사실 하나로 그에게 조언을 해주도록 요청했다.

'중국에서 조선족의 특수한 문화 보존이 필요하다'는 주장을 서두에 달고 있는 한족 학생의 연구 덕분에 1990년 무렵 가스 공급을 중심으로 하는 연료변화가 있었다는 자료를 읽었다. 연료정책의 발효 시기가 지역에 따라 다를 수도 있겠으나 키로 짐작해보면 내가 옌지 일대에서 만난 갈색의 나무들 수령은 30년이 되지 않을 듯하다. 이 정도의 자료로 아직 그곳 수령을 확신하긴 이르지만 연료변화가 숲을 변모시킨 사실은 거의 자명하다.

사실은 우리의 숲도 화석연료 수입에 매우 큰 은혜를 입었다. 화석에너지 공급에 차질이 생기면 중국도 우리도 숲을 유지하기 어렵다. 그만큼 에너지와 산림정책은 맞물려 있다. 아무튼 내가 이번 답사에서 만난 갈색의 풍경은 일반생태학에서 말하는 이차천이를 거치며 조금씩 바뀌어 갈 것이다. 10년 후에 다시 이곳 땅을 찾을 기회가 있다면 어떤 모습을 보게 될지 궁금하다.

옌지를 떠나고 45분 정도의 시간이 흘렀다. 우리는 도문(圖們)을 스친 다음 꽤 긴 터널을 5분 만에 통과한다. 터널을 벗어나자 갑자기 숲의 풍경이 바뀐다. 협곡에는 큰 키의 갈잎나무들이 수림을 이루었고, 조림을 한 것으로 보이는 소나무숲 조각들이 곳곳에 박혀 있다. 나무들의 키는 5m 이상 자라 터널 뒤쪽에서 만난 숲보다 자란 연륜이 훨씬 높아 보인다. 다시 10분 후 황가점터널(黃家店隧道)을 지나 산악 지역을 벗어나며 숲은 야산 풍경으로 바뀐다. 터널과 터널은 차로 10분 거리니 대략 버스 기사가 시속 100km 속도로 달렸다고 보면, 계곡의 너비가 17km가량이겠다.

그 안에 나타난 풍경 변화의 사연은 뭘까? 대강 짐작해보면 두 터널을 만들게 한 제법 높은 산줄기가 사람들의 접근을 막고, 접근성이 낮은 공간에는 숲이 비교적 무성하게 남아 있는 것이리라. 인가로부터 멀어지면 하루하루 땔감을 구해야 하는 가난한

훈춘 주변의 농촌 풍경

훈춘의 화력발전소

훈춘 시내에서 얼마 떨어지지 않은 곳에서 찍은 두만강

사람들의 손길은 미치기 어려운 법이다. 그렇다면 도문—훈춘 고속도로에는 5개의 터널이 있다고 하니 그곳에서 숲의 상태와 지형의 관계를 비교해 볼만하겠다.

곧 한글 도문봉사구역과 한문 圖們服務區라는 커다란 간판의 막사 뒤편으로 파란색과 빨간색 지붕의 집들이 모여 있는 풍경을 지난다. 아마도 우리의 새마을운동처럼 농촌 잘 살기 운동을 하는 과정에 정부가 주도하여 새로 만든 마을인 듯싶다. 얼마 지나지 않아 강동어촌(江東漁村)이라는 하천 지역에서 물까치 떼를 만난다. 차도가 낮은 곳을 달려 물은 보이지 않고 높은 댐도 스쳐간다.

멀리 화력발전소가 보이는 곳은 아마도 사람들이 모여 사는 도시 훈춘일 것이다.

높은 댐과 화력발전소는 많은 사람들에게 필요한 물과 에너지의 공급원이다. 대형 댐과 발전소는 도시와 떨어져 있는 것이 일반적인데 여기는 도시와 가까운 편이다. 물과 전기의 수송 과정에 낭비를 줄일 수는 있어도 드물지만 생길 수 있는 사고를 방지할 자신이 있거나 무모한 밀어붙이기의 결과일 수도 있겠다.

훈춘 나들목을 빠져나온 버스는 화력발전소를 옆으로 하고 곧장 두만강을 향해 달린다. 두만강 가에 서면 내 평생 북한 땅을 가장 가까이 보는 셈이 되려나?

1974년 뜨거운 여름, 제3하사관학교를 졸업하기 전 2주일 정도 가봤던 백마부대에서 휴전선 너머 북한 땅을 처음으로 넘겨다봤다. 1970년대 중반은 남북이 군사력으로 첨예하게 대립하던 시절이다. 그 무렵 국방임무를 수행하던 젊은이들은 북한을 때려잡아야 할 대상으로 배웠다. 온 나라를 지배하던 세력은 장병들로 하여금 하루에도 몇 번씩 "때려잡자 ○○○"라는 구호를 외치도록 했다. 애써 주입시킨 적대감을 지닌 채 군인의 눈으로, 갈 수 없는 땅의 한 자락을 바라다본 것이다.

지금은 사정이 많이 바뀌었다. 그런데도 중압감 없이 북한 땅을 밟겠다는 고집으로 금강산 관광도 애써 피해온 나는 이제 중국 땅에서 두만강 건너 민족의 땅 한 자락에 다가갈 기회를 가진 것이다. 애써 덤덤한 표정을 지어보지만 꿈틀거리는 마음은 스스로를 속이지 못한다.

'아, 두만강!'

김정구의 「눈물 젖은 두만강」은 주전자를 두드리던 내 대학 시절 술자리에서 거의 빠짐없이 등장했다. 지금은 탈북자 소식과 함께 심심치 않게 듣는 이름이다. 예순을 지척에 둔 나이에 비로소, 그것도 남의 땅에서 멀기만 했던 실체를 다시 건너다 보게 되다니…….

# 두만강 강변에서 북녘땅을 바라보니
## - 두만강은 우리에게 어떤 의미인가?

중국 군인들이 더 높은 층에서 경계를 서는 건물의 한두 층 낮은 귀퉁이 부분 옥상에 서서 러시아와 북한 땅을 바라보는 우리는 모두 겉으로 보기에는 태연했다. 통제 분위 기가 확연하게 느껴지는 공간관리를 보며 모두 숙연해진 것이리라. 이쪽저쪽 각도를 바꾸어가며 사진을 찍는 일에 열중하며 실없는 말을 내뱉는 정도로 시간을 보냈다.

두만강 하류의 북한과 중국, 러시아 국경선을 내려다보는 느낌은 결코 수십 년 동 안 받아온 반공교육으로부터 자유로울 수 없다. 우리의 교육은 오랫동안 북한이 우리 땅의 한 부분이라는 사실을 끊임없이 주입하며 국민의식을 굳혀 왔다. 선조들이 마음 대로 넘나들던 그 땅을 우리 세대는 가지 못한다. 그러기에 중국 땅에서 북한 땅을 바 라다보는 내 마음은 더욱 착잡하다. 과연 이러한 감상이 함께하는 젊은이들과 어느 정 도 공감대를 지니고 있을까?

이제 방향을 백두산으로 잡는다. 훈춘에서 이른 점심을 했다. 식사를 한 해바라기 식당 길 건너에 '송가네김밥'이란 간판이 보인다. 가만히 들여다보니 한자 상호와 함께 러시아 문자로 보이는 글이 함께 적혀 있다. 훈춘은 중국과 한국(주로 북한이겠지만), 러 시아 사람과 문화가 섞여 있는 땅이라더니 그런 모양이다.

3국의 삼엄한 통치력이 발동하기 어려웠던 시절 이웃한 사람들은 그저 먹고 사는 데 필요한 일로 두만강을 넘나들며 훈춘에서 만나 교역을 했을 터이다. 각자 익숙한 말 을 쓰고, 통역도 하며 장사를 했을 것이다. 사람들이 모이는 곳에는 먹고 마시며 이야 기 나누는 일이 빠질 수 없으니 식당이 생겼고, 다른 말을 쓰는 사람들을 그곳으로 오 게 하자면 3개 국어 간판은 자연스러운 전략이었으리라.

허기를 채운 우리는 훈춘을 뒤로 하고 도문으로 향했다. 나중에 고개에 대한 자료 를 찾다가 우연히 본 신상성의 책에는 도문을 한문으로 渡門이라 적고 '강을 건너는 현

북한 땅을 뒤로 하며 찍은 모습      러시아와 북한을 잇는 다리

해바라기 식당에서
일행들과 찍은 사진
(27일 11:58)

한글, 중국어, 러시아어
3개 국어 간판을 건 식당
(27일 12:46)

도문 부근의 두만강 유람선과 북한 땅 (27일 13:55)

관문'이라는 뜻으로 풀이하고 있다. 두만강을 건너면 북한 온성과 연결되는 중국 땅이라 그럴 듯하지만 공식적인 표기는 아닌 것으로 보인다. 자료를 찾아보니 지명 표기는 '청·일 간도협약'에 나오는 도문강과 백두산정계비에 나오는 토문강을 두만강으로 해석하기 위한 중국의 의도와 관련이 있다고 한다. 연길현 당국은 1933년 6월 1일 한족들이 개간하여 살던 '회막동(灰幕洞)'을 '투먼'으로 이름을 바꾸고, 1934년에는 간도성(間島省) 연길현(延吉縣) 도문시(圖們市)로 승격한 다음 토문강이 두만강(豆滿江) 또는 도문강(圖們江)의 다른 이름이라고 주장하고 있다.

도문강 나루에서 안내인 이미옥 씨는 은근한 태도로 유람선 타기를 부추겼다. 그녀의 설명을 정리해보면 이렇다. 중국 돈 140위안을 내고 배를 타면 북한 초소가 보이는 곳까지 갈 수 있다. 북한군인은 전혀 보이지 않지만 강 가까이 땅속에 마련한 초소에서 가만히 내다보고 있다. 그 초소에 접근하려면 '두만강 푸른 물에'로 시작하는 고복수의 「눈물 젖은 뱃사공」 노래를 유람선 확성기로 들려주면 된다. 이 노래는 접근하는 배에서 담배나 돈을 던져 놓겠다는 신호이기도 하다. 그리고 배가 물러나면 군인들이 담배와 돈을 집어 간단다.

이런 약속은 군인들에게는 위험한 일로 보인다. 그래서 나는 잠시 이 내용을 글로 언급하는 일 자체를 주저했다. 그러나 생각해보니 여행안내인이 이야기할 정도면 이미 북한의 고위층도 묵인한 관행일 듯싶다. 그렇게 모은 돈과 상품은 병사의 개인 호주머니에 들어가는 방식이 아닐 것이다. 공식적으로 모아서 어떤 형식으로든 이용하지 않을까? 병사들이 개인적으로 작은 이익을 위해 무모한 모험은 하지 않을 터이다. 우리는 노래를 틀고 북한병사에게 접근할 의지는 없는 방문객이라 초소 옆을 가만히 스치기만 했다.

두만강 상류의 작은 하천에는 희뿌연 물이 흐르고 있다. 강물의 오염은 상류에 있는 북한의 철광과 중국의 펄프 공장에서 비롯된 것이란다. 수많은 관광객이 다녀가는 강을 보기에도 불쾌한 상태로 내버려 둘 만큼 행정력이 미치지 못한다는 현실을 보여주는 장면이다. 하기야 경제적으로 훨씬 나은 우리네 강들도 오염된 채 도시와 농촌 풍경 사이로 흐르고 있는데 어려운 처지의 북한에서 손쓸 여력이 있겠는가.


## 수많은 독립투사의 산실, 대성중학교
- 조선족의 어두운 현실, 이들에게 남한은...

가자, 룽징(龍井)으로! 일찍이 항일민족 시인 윤동주의 모교이자 많은 독립투사들의 활동 중심지로 알려진 룽징의 대성중학교(지금은 룽징제일중학교로 바뀜)가 얼다오바이허

(二道白河)의 숙소를 가기 전에 오늘 마지막으로 거쳐야 할 곳이다.

길은 왼쪽으로 두만강을 두고 이어진다. 멀리 헐벗은 산허리를 가로질러 '21세기 영도자'로 시작하는 선전문구가 누워 있다. 저곳은 함경북도 온성의 땅이렷다. 조선 세종 때 동북방면의 여진족에 맞서 설치했던 6진의 하나라는 사실은 중학교 국사 시간에 배워 아직도 생생하게 기억한다. 세조에 맞서 비운의 주인공이 된 장군 김종서가 활동했던 그 역사의 땅이 지척이라 더욱 숙연하다.

산은 헐벗었고 도시의 꼴에도 가난의 행색이 역력하다. 우중충한 단색 건물들이 저렇게 거창한 선전문구의 위력을 말없이 깎아내리고 있는데 어떻게 해볼 수가 없나 보다. 월북했던 시인 백석의 글에서는 북관 사람들의 시끄럽고 투박함을 꼬집었는데 우리의 안내인은 이렇게 말한다. "함경북도 사람들은 평생 버스 한 번 못 타고 죽는 사람들이 많답니다."

그런데 때는 오후 3시 30분이건만 마을 안에서 연기가 피어오르고 있다. 밥을 짓는 굴뚝에서 나온 것은 아닌가 보다. 그렇다면 저 연기는 어떤 사연을 말하고 있는가? 중국의 농부처럼 밭에서 옥수수대를 태우고 있는 걸까? 멀리서 보니 마을에 가려 실체를 확인하기 어렵다.

오후 4시, 룽징 대성중학교 옛터에 도착한다. 스무 명 남짓 되는 학생들이 운동장에서 공을 차고 있다. 우리 일행은 잠시 바라보고 섰지만 그들은 일없다는 듯이 놀이에 열중한다. '그들도 조선족일 터인데 이렇게 무심하다니……. 하긴 늘 찾아오는 방문객이 무슨 대수겠는가? 이런 만남은 새삼스러운 일이 아닐 터이다.'

주변은 이미 어둑해졌다. 한국 시간으로 5시이기도 하고 북녘이라 어둠이 빨리 찾아왔다. 가야 할 길이 먼 우리는 서두른다. 룽징제일중학교 구관으로 불리는 건물 2층 전시관에서 독립운동사를 소개받고, 기념품을 사는 시간이 잠시 주어졌다. 실은 관광객들이 끈끈하게 이어져 있는 동포의 정서로 뭔가 풀어놓고 가야 하는 시간이다. 나는 남아 있는 중국 돈으로 벼루 하나와 조선족의 설화를 담은 책을 한 권 샀다. 대성중학

북한 풍경과 비탈의 선전문구 (27일 15:26)

교 운영에 힘이 된다하여 약간의 기여금 내기도 망설이지 않는다.

대성중학교 벽에 바투 붙어 버스가 진입했던 쪽으로 허름한 아파트가 하나 있다. 안내인은 안테나가 있는 곳은 조선족의 집이란다. 덕분에 조선족들은 한국 방송을 즐겨 시청하는데 그런 차이가 시샘과 위화감을 일으키는 모양이다. 한족들은 그런 모습을 달갑게 보지 않는다고 한다. 중국 땅에서 조선족은 한족의 텃세를 받을 수밖에 없을 것이고, 노골적으로 우리말을 쓰는 일도 쉽지는 않을 터이다. 첫날 만났을 때 우리의 안내인이 조금은 자조적인 표현으로 드러낸 사정을 나는 잊지 못한다. "조선족은 아무리 똑

독립운동사를 설명하는
해설가와 듣고 있는
강신규 교수

대성중학교 담 가까이 붙은 아파트. 창밖에 안테나가 몇 개 보인다.

똑해도 길림성 조선족자치구의 총책임자는 되지 못합니다." 담담한 어조로 말했으나, 자신들의 어려운 형편을 처음 만난 동포에게 은근히 드러낸 한 자락 마음이 아닐까?

여행의 어디쯤에선가 이미옥 씨는 다른 이야기도 했다. 조선족이 남한으로 가는 비자를 받기 위해 1,000만 원의 뒷돈을 찔러줘야 하는 때가 있었다. 노무현 전 대통령이 조선족을 방문하며 베풀어준 특별한 배려로 그 어려움이 말끔히 해결되었다. 이제 오만 원만 지불하면 간단히 비자를 받게 된다. 그 덕분에 많은 조선족 여성들이 남한에서 일자리를 구하고 벌이를 한다. 조선족 남자들은 여성들이 보내준 돈으로 술을 마시면서 옌지의 밤거리는 밝아졌다. 옌지에는 남자들의 일자리가 그다지 없기 때문이다. 그리고 다른 지역에서 이주한 한족 택시 기사가 눈에 띄게 늘었다. 이런 인간의 생태를 어떻게 봐야 할까? 이 과정이 과연 조선족과 남한의 아름다운 관계를 낳을까? 옌지의 토지이용에는 어떤 흔적을 남길까?

언제가 들은 적이 있다. 남한에 가서 괄시를 받은 동포들은 북한 사람들에게 이야기한다고……. "남한과 통일을 생각하지 마라. 함께 살아보니 나쁜 X들이라 통일해서 좋을 것이 없다." 그렇지 않아도 지난 봄 선양에서 만난 조선족 학자들의 태도도 석연치 않았다. 나중에 조선족 유학생에게 물어본 적이 있다. "조선족은 북한이 중국 자치구로 들어오길 바라는 사람이 많지?" "……." 내 마음은 착잡했다. 이제 우리는 기구한 사연으로 남의 나라 살이를 하고 있는 동포를 어떻게 대접해야 하고, 북한의 억지를 어떻게 다루어야 할지 냉정하게 고민해봐야 한다.

일찍이 연개소문의 장남 남생이 당나라에 빌붙었고, 20세기 몽골의 한 장군은 중국에 귀속하는데 앞장서 남몽골 땅에 내몽골이라는 이름을 달게 한 역사가 있다. 오늘의 북한이 그런 전철을 밟겠다고 나선다면 우리에게는 어떤 선택이 있을까? 지금 우리는 참으로 어려운 지경에 놓여 있다. 그런데 한 시절 권력의 정점에 서 있는 이들은 북한을 오직 적으로만 바라보고 있는 것이 아닌가?

이름만 익숙한 룽징 땅은 차분하게 둘러볼 겨를이 없었다. 대성중학교 가까이 있는 미미사(味美思)라는 한식당에서 저녁식사를 하고 곧장 길을 떠났다. 중간에 휴게소에서 잠시 쉬면서 조선족 모녀를 태웠다. 딸애가 다음 날 운전면허시험이 있어 우리의 목적지 얼다오바이허로 가는 길이다. 우리는 격려의 말을 보냈다. 같은 말을 하는 동포라는 이유 하나로 우리는 그들에게 무언가 건네고 싶은 마음이 발동했던가 보다. 그러나 공간과 국적, 실제적인 삶이 주는 거리는 마음 구석 어딘가에 박혀 있을 것이다.

눈이 쌓인 밤길을 그렇게 헤치고 목적지에 이르렀다. 백두산을 다시 보기 위해 11년 만에 다시 온 것이다. 그동안 방문객 관리방식이 여러 면에서 바뀌었다는 소식을 근래에 다녀온 사람들로부터 들었는데 가는 데는 문제가 없으면 좋겠다.

# 눈 덮인 백두산에서 생물들이 살아남는 법
## - 수목한계선의 사스래나무가 보여주는 백두산의 생태

### 2010년 10월 28일 목요일 매우 차고 약간 흐림

오전에 백두산 북파를 따라 올라가 천지를 만나고, 오후에 장백산 장기생태연구로 운영하고 있는 플럭스 타워(flux tower)를 보기로 했다. 천지는 우리가 당연히 가야 하는 곳이다. 나를 제외하고는 일행 모두가 천지는 처음이라 은근히 흥분되는 분위기다. 플럭스타워는 숲에서 발생하는 이산화탄소와 수증기를 포함하는 생태학적 변수와 기상변수를 자동적으로 측정하는 장치를 말한다. 그 장치가 있는 곳은 이번 일정에서 실질적으로 중요한 방문 대상이다. 강신규 교수가 인공위성 자료를 분석하여 숲의 일차생산성을 추정하고, 비교를 위한 자료를 온라인으로 얻었으니 현장을 눈으로 봐야 하는 것이다.

백두산의 고산지대 툰드라는 두메양귀비를 비롯한 진귀한 꽃으로 식물분류학자들에게는 꽤 매력적인 곳이다. 그러나 그 매력은 초겨울 답사를 하는 우리와 거리가 멀다. 그렇다 하더라도 분명하게 드러나는 수목한계선은 고산지대가 없는 땅에 사는 나

**백두산 천지 일대 지도**

자료 출처: 옌볜대학교 지리학과 김석주 교수

와 같은 생태학자에겐 색다른 현장학습의 기회가 된다. 그런 까닭에 나는 천지에 올라 반대쪽 방향으로 몇 장의 사진을 최대한 정성껏 찍었다. 여전히 겨울은 수목한계선을 구분하기가 여름에 비해 불리하다는 생각은 들지만 아쉬운 대로 식물의 분포를 구분할 만하다.

피사체를 찾는 동안 도드라진 땅보다 계곡부에서 수목이 더 높은 고도까지 기어오르는 모습이 눈에 들어온다. 이것은 골짜기에 더 오랫동안 물이 넉넉하게 남아 있는 여건과 무관하지 않을 터이다. 수목한계선 위치가 기온의 직접적인 영향뿐만 아니라 물과 관련된 식물의 생리와 밀접한 관계가 있을 것이라는 추측을 해보았다. 물론 이 정도의 추측은 반드시 옳지 않을 수도 있고, 옳다면 생리생태학 분야에서는 이미 검토된 상

백두산 천지 반대쪽으로 보면 나타나는 수목한계선

백두산 높은 지대의 사스래나무숲

백두산의 하얀 여우　김영환 사진

식일 터라 흥분되는 착상은 아니다. 다만 책으로 배우지 못한 부분으로 그렇게 상상의 나래를 펼쳐가는 계기를 얻는 것에 스스로 흐뭇하다.

자료를 찾아보니 수목한계선 위의 부분은 추위가 심한 극지 부근의 툰드라와 비슷한 특성을 지녔으나 별도로 고산툰드라라고 한다. 툰드라는 증발산이 많지 않은 지역으로 수분보다는 열이 식물의 생산성과 동물의 활동을 제한한다고 분명하게 밝혀놓았다. 그렇다면 노출된 지역보다 계곡의 위쪽까지 사스래나무가 전파되어 서식하고 있는 것은 찬바람을 피할 수 있는 지형적 특성에서 찾아야 한다는 뜻이다. 그러나 나는 넉넉한 수분도 높은 계곡의 사스래나무 생존에 기여할 것이라는 고집을 버리지 못한다. 이쯤 되는 고집이라면 현장 실험을 통해 검정하는 것이 공부하는 자의 태도이런만, 시간과 돈이라는 비용을 지불해야 하는 현실의 문이 쉽게 열릴 것 같지 않다.

툰드라 아래 지역에 삶의 뿌리를 내린 사스래나무도 추운 겨울에 겪어야 하는 고초는 만만치 않다. 무릇 높이 오르면 감수해야 하는 어려움은 어디서나 있는 법이다. 갈매기 조나단은 한계를 넘어서는 높이를 추구한 덕분에 성취의 맛을 보았고, 인간 세계의 영광은 힘든 훈련을 이겨낸 사람들이 얻는다. 경사지의 사스래나무는 모두 아랫도리가 경사지를 따라 흘러내리듯이 자라다가 어느 정도 키를 키운 다음에야 위로 뻗어 올랐다. 아마도 백두의 흰 눈에 짓눌려 어린 줄기의 향일성(向日性)이 저지를 받았던 흔적일 것이다. 이런 흔적은 더 아래로 내려와 상대적으로 온화한 지역에 이르면 사라진다.

천지를 바라보고 주차장으로 내려오는 길은 미끄러웠다. 눈길을 따라 내려와 대피소 건물에 이르기 직전에 하얀 털이 탐스럽게 난 길짐승을 만났다. 사람들이 모여서 음식을 먹는 가게 쪽에서 뭔가를 하나 입에 물고 태연하게 걷고 있다. 그 녀석이 바로 내 옆을 스쳐간다. 그때까지 나는 대피소에서 키우는 개로 간주했다. 저만치 보내놓고 나서 뭔가 이상하다. 내가 익히 본 개들과는 색다른 기색이다. 문득 여우가 아닐까 하는 궁금증이 생겼으나 이미 늦었다. 녀석은 둔덕 너머로 아스라이 멀어지고 있다.

돌아와 선양응용생태연구소에 근무하는 조선족 생태학자 김영환 박사에게 문의를 해봤다. 김 박사는 친절하게 여우 사진과 함께 아래와 같은 정보를 전해준다.

백두산보호구의 야생동물 연구를 담당하는 사람의 말에 의하면 백두산에 분포하는 여우는 한자로는 홍호리(紅狐狸)라고 적는데, 최근 10여 년 간 백두산 지역에서 여우를 발견하지 못했고, 야생 여우의 사진이 없다고 합니다. 보호구 내 몇몇 야생동물 관련 보호를 담당하는 다른 사람한테도 문의하였지만 사진을 보관하고 있는 사람이 없다고 하네요. 문의해보니 아마 최근에 인공으로 사육한 하얀 여우(雪狐狸)를 백두산 지역에 방출했을 것이라고 합니다.

사진을 보니 하얀 털의 여우가 바로 백두산 천지에서 본 길짐승 모습과 흡사하다. 함께 갔던 학생들에게 확인하니 그들의 기억과 거의 일치한다는 대답을 보냈다.

## 장백폭포 가는 길목, 삶은 계란 한 봉지
– 중국의 백두산 장기생태연구 현장

백두산은 유네스코 인간과 생물권(MAB, Man and the Biosphere) 보전구역으로 선정되어 있고, 중국이 장기생태연구지에 포함시켜 활발하게 연구를 하고 있다. 해발고도가 720~2,691m인 백두산 일대는 온대 대륙성 고산 기후 지역이다. 저지대의 연강수량은 약 700mm이고, 천지호수가 있는 정상부의 연강수량은 약 1,400mm가 넘는다. 연평균 기온은 저지대에서 4.9℃, 정상부에서는 −7.3℃이다. 기후대의 영향으로 장백산 자연 보호구역의 식생은 수직 분포 특성을 보인다. 720~1,100m 고도에서는 잣나무(Korean pine)와 활엽수 혼효림이 주로 분포하고, 1,100~1,800m의 고도에서는 가문비나무(spruce)와 전나무(fir)가, 1,800~2,100m 고도의 아고산대에서는 사스래나무(*Betula ermanii*)가 주로 분포한다. 2,100m 이상의 고도는 고산툰드라 식물이 덮고 있다.

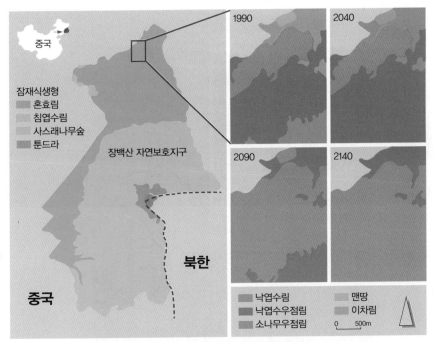

**1990년대의 백두산 중국 지역 식생분포와 2140년까지 추정해본 변화 경향**

자료 출처: Shao 등 1991, S. Zhao 제공

중국의 학자들이 백두산의 식생분포를 포함하는 생태연구 결과를 쏟아내면서 백두산은 국제사회에서도 상당히 유명해졌다. 그러나 중국의 왕성한 홍보와 학술활동에 힘입어 장백산이라는 이름은 널리 알려지고 백두산은 뒷전으로 밀렸다. 우리로서는 애석한 현실이다. 더구나 쉽게 접근할 수 없는 백두산의 북한 지역은 여전히 장막 속에 가려져 있다.

11년 전 장백폭포 진입로의 온천수에 계란을 삶는 모습을 처음 봤을 때는 신기했다. 이번에 우리가 이곳을 들릴 시기에 한국에서는 화산 폭발이 일어날 조짐이 있다고 꽤 시끄러웠던 모양인데 현지 분위기는 차분했다. 안내인 이미옥 씨도 한국의 소식을 들었던지 온천수의 변화를 언급했다. 수온이 지난 10년 사이에 10℃가량 올랐다는데

온천수를 이용한 삶은 계란 사업 (28일 11:07)　　온천수에서 자란 조류

장백폭포 가는 길의
비닐 터널 장근창 사진

장백폭포

과학적인 근거가 분명한지는 모르겠다. 어쨌거나 온천수에 계란을 삶아 파는 방식은 이전과 다르다. 제법 시설까지 곁들인 모양새를 갖추었다. 예전에는 아주머니 몇 명이 아마도 무허가의 상행위를 하고 있었는데 이제는 관 주도의 방식으로 바뀐 듯하다. 무허가 현지상인들을 권력기관이 밀어내고 정부의 수입원으로 탈바꿈시킨 것이리라. 그런 변화가 무질서를 막는 길이긴 하지만 힘없는 사람들에게 어려움을 안기는 일이 허다하다. 자연의 서비스를 이용하던 그 아주머니들은 이제 어디에서 뭘 하고 있을까? 그런 생각은 잠시고 우리는 결코 싸지 않은 계란을 한 봉지 사서 2개씩 나누었다. 온천수가 계란에 특별한 맛을 가미하는지 알 수 없건만 색다른 경험은 여행에서 지나치기 어려운 법이다.

온천수를 지나 장백폭포로 접근하는 길 오른쪽으로 뜨거운 물이 흘러나온다. 겨울이 가까워졌는데도 온천수 덕분에 조류가 파랗게 물길을 덮었다. 날씨는 차가워도 따뜻한 수온과 온천수의 넉넉한 영양소를 이용하여 부지런히 광합성을 하고 있는 것이다. 입구에서 장백폭포로 이르는 길에 철재 틀로 만들어 놓은 긴 비닐 회랑도 이전에는 없었던 시설이다. 추운 겨울에 바람을 피하도록 하자는 의도로 만든 것이다. 손님을 끌 수 있는 기간을 늘이기 위한 방도 치고는 볼품은 좀 아쉽다.

장백폭포도 그렇지만 주변 지형은 절벽에 가깝다. 급경사를 따라 쌓여 있는 흙이 언제 미끄러져 내릴지 위태로워 보인다. 낮은 곳으로 흘러내린 물은 얼어붙은 얼음과 쌓인 눈이 만드는 벼랑 사이로 떨어져 내려 두 줄기 폭포가 되었다. 물거품을 일으키며 흐르는 하얀 색의 두 물줄기에서 얼다오바이허(이도백하, 二道白河)라는 말이 유래되었다고 하는데 사실인지는 아직 자신이 없다. 맞을 수도 있겠고, 삶의 공간에 두 줄기 맑은 하천이 따로 흐르고 있는지도 모른다. 이도백하라는 지명도 있는 것으로 보아 말하기 좋아하는 사람들이 지어낸 듯도 하다.

일정대로 일찍 하산하여 플럭스 타워를 보기 위해 장백산 장기생태연구소에 들렀다. 출국 전에 김영환 박사가 현지 관리인에게 연락을 해두는 정도로 섭외를 해두었

중국에서 운영하는 백두산 플럭스 타워 장근창 사진

다. 그러나 현장 안내를 맡은 측정 장치 관리인 대관화(戴冠華) 씨는 우리의 접근에 대해 아쉬운 표정이다. 보안문제로 자기가 보여줄 수 있는 것은 매우 제한적이란다. 총책임자인 선양응용생태연구소장의 허락을 미리 얻었더라면 훨씬 유익한 자료를 얻기도 쉬웠을 것이라는 말을 보탠다. 이것은 중국 사회를 제대로 몰랐던 내 실책이었다. 이런 현장방문이 한홍국 소장의 도움을 받아야 할 만큼 까다롭지는 않다고 생각했었다. 그는 미국 조지아대학교 생태연구소에서 박사후 과정 연구원으로 있을 당시 함께 논문을 썼던 친구다. 늦었지만 한 소장에게 전화를 해보았는데 받지 않는다. 한 소장이 모르는 번호의 휴대전화를 받지 않는 인물인 줄은 나도 알고 있던 일이다. 결과적으로 나와 강신규 교수는 안내인의 통역을 통해 대관화 씨와 가벼운 이야기를 나누고, 학생들은 주변을 살펴보는 정도의 가벼운 답사가 되었다.

우리가 방문한 백두산 플럭스 관측 연구지는 중국 지린성 남동부의 장백산 자연보호구역의 북사면 해발 738m 높이에 있다. 이곳의 연평균기온은 3.6℃이고, 연강수량은 약 700mm이다. 혼효림으로 이루어진 이 연구지 주변의 주요 수종은 잣나무(*Pinus koraiensis*), 피나무(*Tilia amurensis*), 고로쇠나무(*Acer mono*), 신갈나무(*Quercus mongolia*), 들메나무(*Fraxinus mandshurica*)이고, 수령 200년 정도의 나무들이 자라 26m 정도 높이의 숲지붕을 이루고 있다(Yu 등, 2008).


## 흰 옷을 입은 얼다오바이허의 미인송
### – 백두산의 화산활동을 증명하는 대협곡

**2010년 10월 29일 금요일**

서파로 천지를 가는 날이다. 이곳은 처음이라 은근히 기대가 된다. 북파는 11년 전에 선양응용생태연구소와 공동 심포지엄에 참가하면서 가본 적이 있다. 그러나 숙소를 떠나기 전부터 안내인은 만약을 위해 우리의 마음을 준비시킨다. 눈이 내려 백두산에

얼다오바이허의 미인송 조림지. 가로수 줄기 아래
일정 높이가 하얀색인데 이 까닭은
코카서스 답사기에서 간략히 소개했다.

낮에 나온 반달

전망대에서 본 숲.
나무들의 색이 대략 띠로
나타나는 것은 계획된
조림지인 사실을
보여준다.

올라가지 못한다는 소식이다. 그래도 가보면 길이 있을 터이니 달리 계획이 없던 우리는 직접 확인을 해보기로 했다. 나는 얼다오바이허를 벗어나기 전에 어제 놓친 미인송 조림지를 사진에 담으려고 단단히 별렀다.

서파로 가는 버스는 낮은 전망대가 하나 있는 곳에서 잠시 멈춘다. 안내인이 우리의 관심사를 짐작한 배려. 볼거리는 비교적 야트막한 산을 옆으로 끼고 끝없이 넓은 평탄지에 가꾸어 놓은 숲인 듯싶다. 민족의 영산이 품은 넓은 땅을 훌륭한 숲으로 만들어놓은 중국의 힘을 확인하는 기회다. 같은 색깔의 나무들이 대략 공간을 구분하여 서 있는 모습은 자기들 뜻대로 자리를 잡은 모습이 아니라는 사실을 주장하고 있다. 인간이 만든 틀 속에서 인간의 용도를 기다리며 한 시절을 살아가고 있는 나무들이다.

마침 서쪽으로 넘어가지 못하고 빛을 잃어가는 하현달이 구름 한 점 없는 하늘에서 때를 알린다. 9월 22일이 추석이었으니 음력으로 9월 20일 또는 21일이 되었나 보다. 낮달은 그다지 주목을 받지 못하고, 다만 음력을 가끔 챙기는 내게 하염없이 가는 시간을 알려 준다.

우리는 천지를 오르기 전에 먼저 대협곡을 보기로 했다. 목책을 깐 접근로 주변의 숲은 모두 당당했고, 볼거리가 넉넉하다. 안내판이 잘 붙어 있어 물박달나무와 자작나무(Betula), 전나무(Abies), 가문비나무(Pecea), 소나무(Pinus), 이깔나무(Larix) 속의 나무들을 확인할 수 있다. 얼다오바이허에서 이곳으로 오는 길에 나무들을 보며 대강 짐작했던 것들인데 친절한 안내판 덕분에 확신을 가졌다. 목책을 따라 더 갈 수 없는 곳까지 이르고 다시 둘러서 와야 하는 지점에 있는 대협곡은 깊이 파인 물길이다.

협곡은 백두산이 화산활동을 할 때 용암이 분출되어 흘러내리면서 V자로 파인 것으로 알려져 있다. 지금의 모습은 그때 생긴 협곡으로 물길이 모이면서 야물지 않은 땅을 더욱 깊게 파는 과정으로 만들어진 것으로 보인다. 맞은편에는 급경사를 따라 흙과 눈이 지금도 흘러내리는 모습이 완연하다. 그 숲에서는 시간이 멈춘 것이 아니다. 지질학적 형성 과정을 거쳐 만들어진 지형과 기후, 토양 생물들이 어우러져 지금도 끊임

대협곡의 접근로 풍경과 물길

없이 새로운 모습을 창출하고 있다.

어중간한 시간을 고려하여 11시에 일찌감치 버스 환승장 식당에서 점심식사를 했다. 이 시간 메모장에는 다시마와 고추, 된장, 고추장, 김치, 감자, 콩나물, 두부, 국이라는 단어와 함께 점봉산 서래굴 스님, 낙엽이라는 단어들이 나열되어 있다. 연상작용으로 현지에서 생각한 내용을 나중에 유추할 수 있을 것이라는 가정으로 그렇게 적어놓았을 것이다. 그러나 이 단어들은 암호가 되었다. 지난 11월과 12월 무척이나 바쁜 일정으로 답사기의 앞부분을 대략 적어놓고 해를 넘겨 1월 2일 이 글을 적다 보니 메모장의 단어들은 원래의 의도와 달리 관련된 내용을 연상시켜주지 못한다. 억지로 머리를 짜내 대략 짐작을 할 뿐이다.

그날의 점심은 이것저것 넣어 만든 국이었고, 그 국이 점봉산 서래굴(강원도 인제군 기린면 진동리에 있는 작은 절 이름) 스님이 이것저것 넣어서 끓여주던 국을 생각나게 한 듯하다. 이제 강신규 교수의 말이 어렴풋이 생각난다. 그는 숲의 한 해 생산량을 알기 위해 당시의 학생 오성진과 힘들게 서래굴까지 끌고 왔던 낙엽의 일부 무게를 잰 다음 부분 표본을 남기고 나머지는 스님과 함께 태우며 환담을 나누었다고 했다. 점봉산을 대상으로 박사학위 논문을 작성하면서부터 그에게 유난히 호감을 보인 서래굴 스님이 강신규 교수에게는 삶의 한 끈일 터이다. 그리고 내 교수 생활 한 자락에는 점봉산과 강신규, 서래굴 스님이 한 묶음으로 들어 있다.

우리가 그 자리에서 하필 점봉산을 이야기한 것은 백두산에서 백두대간을 타고 내리면 거기에 이르는 자연의 이치 때문이 아니다. 내 젊은 교수시절 어렵게 꾸려왔던 점봉산 연구로 나는 생태학자로 경력을 유지할 수 있었고, 결국 그 덕분에 강신규 교수와 그의 제자들과 함께 백두산까지 왔다. 스님은 내 학문의 길에 빠질 수 없는 분이다. 그렇게 내게는 특별한 인연과 스님이 끓여주시던 국이 그런 연상을 낳았던 것이다.

# 천 개의 계단을 오르니 짙푸른 천지
## - 백두산 관광개발의 씁쓸한 이면

서파의 방문객 관리는 북파보다 복잡하다. 버스로 일정 규모의 숫자를 채워 중간지점까지 이동하고, 다시 지프로 갈아타서 비탈길을 오르는 방식이다. 눈이 내려 입산의 어려움이 있다는 소문이 있었지만 올 사람은 온 모양이다. 차례를 기다리며 줄을 선 방문객이 적지 않다. 지프로 이동하고 하차 지역은 산의 중턱이다. 눈이 내려 주차장까지 갈 수 없다는 이야기는 이미 입구에서 들었다. 몇 명의 군인들이 막 도착해 제설작업을 준비하고 있다. 지금부터는 포장길이다. 길바닥에 눈이 쌓여 미끄럽기는 해도 다행스럽게 사람이 많지 않고, 날씨도 어제에 비하면 꽤 온화하다.

공식적인 주차장에는 휴게소 건물이 있지만 문은 굳게 닫혔다. 멀리 하늘로 이어진 긴 목재계단이 보이고, 입구에는 1,236개의 계단으로 이루어져 있다는 안내판이 있다. 이것은 먼저 놓은 돌계단의 숫자이고, 새로 만든 목재계단의 숫자는 더 많다는데 정확한 숫자는 헤아려보지 않았다. 두 차례에 걸쳐 계단 공사를 한 것이다. 처음 만들었던 돌계단 탓에 주변에 발생한 토양 침식으로 위험한 구간이 생기면서 그 옆으로 새로 나무계단을 놓았다.

예산에 맞추어 성급히 공사를 하고 나중에 문제가 발생하면 또 다른 예산 유치로 자연을 해치는 일은 우리나라에도 허다한 일이다. 대체로 토목공사 입찰은 거의 무모하게 밀어붙이는 정치력에 손을 들어준다. 그런 재주를 가진 사람들이 공사주체가 되고 싶다는 뜻이다. 백두산 관광개발도 그런 부조리 안에서 태어난 줄로 대강 짐작하겠다.

천지를 이르는 계단은 길었다. 강신규 교수는 처음부터 일행을 따돌리고 혼자서 저 멀리 앞서 간다. 학생들은 계단의 숫자를 세며 힘든 길을 헤쳐 간다. 나도 걸음에는 어느 정도 자신이 있는 사람이라 가뿐한 마음으로 목적지에 도달했다.

아, 짙푸른 천지여! 한 점 구름 없는 하늘 아래 산정의 호수는 부끄러움 없이 당당

천지에 이르는 목책 계단. 오른쪽에 눈에 파묻힌 돌계단 난간 끝부분이 살짝 보인다.

서파에서 본 천지

중국 쪽에서 본 백두산 서파의 북한 땅. 땅 위에 그은 선을 넘으면 처벌하겠다는 세 개의 붉은 경고성 안내판은 무엇을 상징하고 서 있는 것일까?

하다. 서파 천지에 이른 사람은 우리뿐이다. 복작거리지 않는 시간을 택한 것이 얼마나 행운인가. 중국과 북한을 가르는 표석이 서 있다. 보통 때 관광객이 국경을 넘지 못하도록 지킨다는 사람도 오늘은 물러갔다.

　돌이켜보니 내 천지 방문은 이성이 감성에 압도된 사건이다. 민족의 영산에 있는 특이한 호수와 구름 한 점 없는 하늘이 어우러진 분위기는 여행의 백미였다. 명색이 생태학자의 탐방이라면 뭔가 자연의 이치를 더듬는 시간이 있어야 하련만 그러지 못하고 끝나버린 것이다. 글의 끝 무렵에 비로소 나는 이에 대한 반성으로 몇 가지 자료를 챙기고 나름대로 고민을 해본다.

북한 천연기념물 제351호인 천지는 중국 자료에 의하면 호수 수면해발 2,189.1m로 중국에서도 가장 높은 천연호수다. 남북길이 4,400m, 동서너비 3,370m, 둘레 13.1km, 호수면적 9.82km²인 천지의 평균수심은 204m, 최고수심은 373m, 집수면적은 21.4km²다. 호수 저수량은 20.4억 톤이라는데 산정에서 이 정도 규모의 물이 어떻게 유지될까? 쉽게 가지는 의문이나 아직 확실한 믿음을 주는 설명은 없다.

통상 호수나 저수지 물은 그곳으로 물을 공급하는 넓은 유역에 내린 강수량으로 유지된다. 천지도 1959~1970년 평균강수량 1,470.6mm로 내린 비와 눈이 물의 60%를 공급하고, 나머지는 지하수에서 용출되는 물이 채워준다. 그 지하수도 결국은 천지 분화구의 육지 부분(11.58km² 면적)에 비와 눈이 내려 땅속으로 스며들어 생긴 것이다. 과연 비와 눈으로 내린 물만으로 천지의 저수량 유지를 설명할 수 있을까? 어쩌면 수온 10℃ 내외의 찬물에 끊임없이 습한 공기로부터 응축되는 물이 장백폭포로 흘러내리고 또 증발로 줄어드는 물의 상당 부분을 충당하는지도 모른다. 오직 내 제한된 상상력으로 유추한 이 가설은 황당하지만 검토해볼 필요는 있다. 각각 연강수량의 26%(343mm)와 34%(447mm)가 구름과 안개에서 공급된다는 호주와 미국의 연구 결과가 이런 내 상상을 어느 정도 지지한다.

유역이 작은 만큼 흘러드는 물이 매우 적고, 토양에서 씻겨온 유기물도 영양소도 적기 때문에 천지 물의 영양소 함량은 아주 낮다. 그래서 천지는 오랫동안 빈영양호(貧營養湖)로 유지되어, 식물성 플랑크톤과 소형 무척추동물만 살고 많은 먹이를 필요로 하는 파충류와 어류는 살지 않는 호수였다. 1984년 북한에서 치어를 방류하여 현재 산천어가 살고 있다는데 그들은 어떻게 먹이를 구할까? 수계의 생명은 긴 시간을 두고 유역에서 공급된 영양소와 유기물을 기반으로 살아가는데 이런 이치를 고려하면 빈영양호 천지에서 산천어 떼가 자연적인 과정으로 살아가는 길을 믿기 어렵다.

그러나 산천어도 생명이라 영양소를 얻는 자구책을 찾기 위해 안간힘을 쓸 것이다. 생명의 기반이 되는 인과 칼슘, 금속 성분을 얻기 위해 천지 바닥의 저토에 어떤 방식으로든 영향력을 미치고, 용해된 영양소를 바탕으로 하늘의 질소를 고정하는 미생물을 불러들이는지 지켜봐야 알겠다. 그렇지 않으면 산천어 양어를 포기하거나 인위적으로 사료를 넣어 청정호수를 기어이 오염시키는 못난 일을 하려는 세력이 등장할 것이다.

만주 답사는 이렇게 짧은 시간의 긴 이동으로 이루어졌다. 그 시간과 이동은 이런저런 풍경과 함께 생태적 상념에 젖는 기회를 선사했다. 창춘에 비행기가 도착하기 전부터 옥수수를 수확한 다음 남는 줄기 처리 문제를 고민하기 시작했다. 버스에 이동하는 동안 초겨울 이미 마른 잎을 여전히 달고 있던 갈색의 숲은 내 사색을 자극했다. 쇠퇴하는 조선족 마을의 문화생태학적 내용은 선뜻 내놓기에는 부족하지만 내 마음은 그 주제로부터 자유스러울 수 없었다. 일찍이 우리민족과 여진족이 때로는 서로 돕고 때로는 다투던 땅이었고 나중에는 일제강점에 항거하던 독립운동의 근거지가 되었으며, 지금은 중국의 땅으로 북한 동포들이 죽음을 무릅쓰고 자유를 찾아 탈주하는 통로인 두만강 주변 땅에선 가슴이 편안하지 않았다. 백두산과 천지에서는 그래도 인간 세상을 어느 정도 벗어나 그 안에 담긴 생태적 현상들을 나름대로 정리하는 기회를 얻었다. 이 생각의 편린들은 내가 더욱 가다듬고 가야 할 연구 주제들이다.

백두산 천지 가는 길의 사스래나무

# 참고문헌

강용수. 2007. 터키의 유혹. 서울: 유토피아.

고야마 시게카(박소영 옮김). 2008. 지도로 보는 중동 이야기. 서울: 이다미디어.

김병모. 2006. 김병모의 고고학 여행 2. 서울: 고래실.

김세원. 2009. 실크로드에 꽃 핀 이슬람문화 이란·터키. 서울: 에세이퍼블리싱.

김호동. 2010. 몽골제국과 세계사의 탄생. 서울: 돌베개.

데이비드 조지 헤스켈(노승영 옮김). 2014. 숲에서 우주를 보다. 서울: 에이도스.

박원길. 2001. 유라시아 초원제국의 역사와 민속. 서울: 민속원.

박혁주, 이지영. 2006. 성경의 땅: 요르단 시리아 레바논. 서울: 쿰란출판사.

신상성. 2006. 시간도 머물다 넘는 고갯길. 서울: 창조문화사.

심형철 옮김. 2003. 서역장랑. 서울: 카이엔.

에드워드 윌슨(이한음 옮김). 2013. 지구의 정복자. 서울: 사이언스북스.

오르한 파묵(이난아 옮김). 2008. 이스탄불-도시 그리고 유혹. 서울: 민음사.

요시무라 사쿠지(김이경 옮김). 2002. 고고학자와 함께하는 이집트 역사기행. 서울: 서해문집.

유진 오덤(이도원, 박은진, 김은숙, 장현정 옮김). 2001. 생태학(개정3판). 서울: 사이언스북스.

이도원. 2001. 경관생태학. 서울: 서울대학교출판부.

이도원. 2004. 흐르는 강물 따라. 서울: 사이언스북스.

이도원. 2004. 전통 마을 경관 요소의 생태적 의미. 서울: 서울대학교출판부.

이미애. 2007. 사막에 숲이 있다. 서울: 서해문집.

이상성. 2009. 세계사를 뒤흔든 신의 지문. 서울: 신인문사.

이시 이로유키(안은별 옮김). 2013. 세계 문학 속 지구 환경 이야기. 서울: 사이언스북스.

이평래. 2007. 몽골의 오보와 오보신앙. 권영필과 김호동 엮음. 중앙아시아의 역사와 문화. 서울: 솔출판사.

이희철. 2002. 터키-신화와 성서의 무대, 이슬람이 숨쉬는 땅. 서울: 리수.

장병옥. 2005. 쿠르드족 배반과 좌절의 역사 500년. 서울: 한국외국어대학교출판부.

정수일. 2001. 씰크로드학. 서울: 창작과비평사.

조홍섭. 2013. 자연에는 이야기가 있다. 서울: 김영사.

조희섭과 엠레 잔. 2007. 터키, 지독한 사랑에 빠지다. 파주: 위캔북스.

한국황새복원연구센터. 2004. 과부황새 그 후. 서울: 지성사.

한비야. 1998. 바람의 딸 걸어서 지구 세바퀴 반 4 - 몽골 중국 티베트. 서울: 금토.

한상복 등. 2004. 비단길 보고서. 서울: 수류산방.

한성호. 2009. 몽골 바람에서 길을 찾다. 서울: 멘토프레스.

Atalay, I. 2002. Mountain ecosystems of Turkey. pp.29-38 in Proceeding of the 7th International Symposium on High Mountain Remote Sensing Cartography, Bishkek, Kyrgyzstan. July, 2002.

Bowker, M.A. 2007. Biological soil crust rehabilitation in theory and practice: An underexploited opportunity. Restoration Ecology 15(1): 13-23.

Brady, N., and R.R. Weil. 2008. The Nature and Properties of Soils, 14th ed. MacMillan Publishing Company, New York.

Brown, L. R. 2012. Full Planet, Empty Plates: The New Geopolitics of Food Scarcity. New York: W.W. Norton & Company.

Chapin, F.S., III, P.A. Matson, and H.A. Mooney. 2011. Principles of Terrestrial Ecosystem Ecology. Springer, New York.

Colak, A.H., and I.D. Rotherham. 2006. A review of forest vegetation of Turkey: its status past and present and its future conservation. Biology and Environment. 106B(3): 343-356.

Delattre, P., B. De Sousa, E. Fichet-Calvet, J.P. Quere, and P. Giraudoux. 1999. Vole outbreaks in a landscape context: Evidence from a six-year study of Microtus arvalis. Landscape Ecology 14: 401-412.

Herrera, J. M., and D. Garcia. 2009. The role of remnant trees in seed dispersal through the matrix: Being alone is not always so sad. Biological Conservation. 142(1): 149-158.

Jackson R.B., Jobbagy E.G., Avissar R., Roy S.B., Barrett D.J., Cook C.W., Farley K.A., le Maitre D.C., McCarl B.A.& Murray B.C. 2005. Trading water for carbon with biological sequestration. Science 310: 1944-1947.

Klein, J.A., J. Harte, and X.-Q. Zhao. 2007. Experimental warming, not grazing, decreases rangeland quality on the Tibetan Plateau. Ecological Applications 17: 541-557.

Lindsay B. Hutley et al. 1997. Water Balance of an Australian Subtropical Rainforest at Altitude: the Ecological and Physiological Significance of Intercepted Cloud and Fog. Aust. J. Bot. 24: 311-329.

Magi, G., and others. 2004. Art and History of Syria. Florence: Casa Editrice Bonechi.

Plieninger, T., and C. Bieling (eds.) 2012, Resilience and the Cultural Landscape: Understanding and Managing Change in Human-Shaped Environments. Cambridge University Press, New York.

Puckett, H.L., J.R. Brandle, R.J. Johnson, and E.E. Blankenship. 2009. Avian foraging patterns in crop field edges adjacent to woody habitat. Agriculture, Ecosystem and Environment 131: 9-15.

Reed, S.C., A.R. Townsend, E.A. Davidson, and C.C. Cleveland. 2012. Stoichiometric patterns in foliar nutrient resorption across multiple scales. New Phytologist 196: 173-180.

Ricketts, T.H. 2004. Tropical forest fragments enhance pollinator activity in nearby coffee crops. Conservation Biology 18: 1262-1271.

Shao, G., S. Zhao & G. Zhao. 1991. Application of GIS in simulation of forested landscape communities: a case study in Changbaishan Biosphere Reserve. Chinese Journal of Applied Ecology 2: 103-107.

Vergutz, L., S. Manzoni, A. Porporato, R.F. Novai, and R.B. Jackson. 2012. Global resorption efficiencies and concentrations of carbon and nutrients in leaves of terrestrial plants. Ecological Monographs 82: 205-220.

Weathers, K.C. 1999. The importance of cloud and fog in the maintenance of ecosystems. TREE 14(6): 214-215.

Williams, D.W., L.L. Jackson, and D.D. Smith 2007. Effects of frequent mowing on survival and persistence of forbs seeded into a species-poor grassland. Restoration Ecology 15(1): 24-33.

Yu, G.-R. and others. 2008. Environmental controls over carbon exchange of three forest ecosystems in eastern China. Global Change Biology 14: 2555-2571.


http://blog.naver.com/jsuny92/40009560899 페트라
http://en.wikipedia.org/wiki/Palmyra 팔미라
http://en.wikipedia.org/wiki/Dura-Europos 두라 유로포스
http://en.wikipedia.org/wiki/Mari%2C_Syria 마리
http://kr.youtube.com/watch?v=lVEFpco14vE 페트라
http://seattlepi.nwsource.com/getaways/021199/dest11.html 페트라
http://weecheng.com/mideast/syria/palmyra1.htm 팔미라
http://www.cnki.net 천지
http://www.gastrosyr.com/eng/cities3.htm 성 시므온교회

# 찾아보기

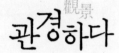

# 관경하다

비단길 풍경과 생태학적 상상

초판 1쇄 인쇄　2016년 3월 25일
초판 1쇄 발행　2016년 3월 30일

지은이　이도원

펴낸곳　지오북(**GEOBOOK**)
펴낸이　황영심
편집　전유경, 이지영, 문화주
디자인　김진디자인

주소　서울특별시 종로구 사직로8길 34, 오피스텔 1321호
Tel_02-732-0337
Fax_02-732-9337
eMail_book@geobook.co.kr
www.geobook.co.kr
cafe.naver.com/geobookpub

출판등록번호　제300-2003-211
출판등록일　2003년 11월 27일

ⓒ이도원, 지오북 2016
지은이와 협의하여 검인은 생략합니다.

ISBN 978-89-94242-44-6 93470

이 도서의 국립중앙도서관 출판시도서목록(CIP)은
서지정보유통지원시스템 홈페이지(http://seoji.nl.go.kr)와
국가자료공동목록시스템(http://www.nl.go.kr/kolisnet)에서 이용하실 수 있습니다.
(CIP제어번호: CIP2016007118)